U0605501

扩建项目**智慧工地**建设研究

王 玺 主编

哈尔滨出版社
HARBIN PUBLISHING HOUSE

图书在版编目（CIP）数据

扩建项目智慧工地建设研究／王玺主编. -- 哈尔滨：
哈尔滨出版社，2025.1
ISBN 978-7-5484-7698-6

Ⅰ. ①扩… Ⅱ. ①王… Ⅲ. ①信息技术-应用-电力
工程-基本建设项目-项目管理 Ⅳ. ①TM7-39

中国国家版本馆 CIP 数据核字（2024）第 039639 号

书　　名：**扩建项目智慧工地建设研究**
KUOJIAN XIANGMU ZHIHUI GONGDI JIANSHE YANJIU

作　　者：王　玺　主编
责任编辑：赵海燕

出版发行　哈尔滨出版社（Harbin Publishing House）
社　　址：哈尔滨市香坊区泰山路 82-9 号　邮编：150090
经　　销：全国新华书店
印　　刷：北京虎彩文化传播有限公司
网　　址：www.hrbcbs.com
E - mail：hrbcbs@yeah.net
编辑版权热线：（0451）87900271　87900272
销售热线：（0451）87900202　87900203

开　　本：880mm×1230mm　1/32　印张：5.25　字数：136 千字
版　　次：2025 年 1 月第 1 版
印　　次：2025 年 1 月第 1 次印刷
书　　号：ISBN 978-7-5484-7698-6
定　　价：48.00 元

凡购本社图书发现印装错误，请与本社印制部联系调换。
服务热线：（0451）87900279

前　　言

　　随着新兴信息技术的高速发展与广泛应用,新一轮产业变革的浪潮已经到来。在建设工程领域,利用科技手段对传统建造管理方式进行改造已然成为当前的研究趋势。智慧工地作为一种全新的管理理念,旨在将 BIM、云计算、大数据和智能设备等先进信息化技术与施工现场管理实践充分融合,从而提升工程项目管理的水平,实现工地的智慧化管控。由于智慧工地这一研究对象的新颖性和前瞻性,目前针对智慧工地的理论研究和实践应用均处于探索阶段。

　　本书一共有五个章节,主要是以智慧工地信息感知平台建设、传输网络建设、信息管理平台建设等为研究基点,本书通过文字描述、实景图片、图表分析等多种形式对智慧工地总体构架、智慧工地建设、信息平台构建、管理系统集成等重点模块和关键环节进行了详细阐述,内容涵盖智慧工地建设和应用全过程,供各项目管理单位参考使用。

目　　录

第一章　智慧工地概述

第一节　智慧工地的发展历程

一、智慧工地的应用范围

智慧工地的应用范围主要包括 11 个方面。

1. 施工策划方面

应用信息系统自动采集项目相关数据信息,结合项目施工环境、节点工期、施工组织、施工工艺等因素对工地进行智慧施工策划,包括基于 BIM 的场地布置、基于 BIM 的进度计划编制与模拟、基于 BIM 的资源计划、基于 BIM 的施工方案及工艺模拟可视化施工组织设计交底、施工机械选型等。这些智慧应用可以有效降低企业成本、控制风险、优化方案,帮助施工人员高效地进行施工策划为施工企业带来更多直接效益。

2. 施工进度方面

它包括:基于信息化的智能计划管理、基于智能化的计划分级管理和动态监控、基于智能化的计划管理数据分析、基于工序标准化的施工组织、BIM 技术与进度管理的结合等。基于信息化的智慧进度管理,是在智慧工地概念内涵的基础上,基于大数据、BIM、物联网等技术,使进度管理过程能够实时感知进度计划完成情况,通过对进度计划实施过程的实时跟踪,确保实现进度目标,从而使进度计划控制更加有效。

3.机械设备方面

它包括:基于互联网的设备租赁、智能化机械设备的日常管理、基于地理信息系统平台的机械进出场和调度、钢筋翻样加工一体化生产管理等。当前使用的指纹识别系统、防碰撞安全管理监控系统、移动终端等单项技术在实际使用过程中,对设备检查、运行和人员安全管理发挥了一定作用,保障了设备的正常运行,是机械设备管理向着数字化和智能化发展的基础。同时,信息化设备管理系统、资源组织招投标等集成管理系统的应用为设备管理提供了更便捷的方式,创造了更好的效益。

4.物料管理方面

它包括:通过互联网采购、基于 BIM 的材料管理、物料进出场检查验收系统、现场钢筋精细化管理、二维码物料跟踪管理等。

5.成本管理方面

它包括:基于 BIM 的工程造价形成、基于 BIM 的 5D 管理、基于大数据的项目成本分析与控制技术、基于大数据的材料价格信息等。

6.质量管理方面

它包括:基于 BIM 的质量管理、基于物联网的基坑变形监测、混凝土温度监测、检查记录等监测、二维码质量跟踪等。

7.安全管理方面

它包括:基于 BIM 的可视化安全管理、劳务人员的安全管理、机械设备的安全管理(塔吊、升降机的物联网应用)、专项安全方案的编制及优化(基坑、高大支模、脚手架等)、危险源、临边防护的安全管理等。

8. 绿色施工方面

绿色施工是指在工程建设中,在保证质量和安全等基本前提下通过科学管理和技术进步,最大限度地节约资源与减少对环境负面影响的施工活动,实现"四节一环保"目标,即节能、节地、节水、节材和环境保护。现场"四节一环保"应用包括:基于物联网的节水管理、基于物联网的环境监测与控制、基于 GIS 和物联网的建筑垃圾管理与控制、绿色施工在线监测评价等。

9. 项目协同管理方面

以建设工程为核心,所有参建方协同工作,建立各参建机构间的工作云平台。各参建方在云平台上通过有序信息沟通、数据传递和资源共享,实现多方协同工作。跨地域零距离高效协同,实时实现看进度、管质量、警示风险、自动归档电子表单和资料等。平台可以有效地梳理和优化跨组织之间的流程,解决复杂的信息在各个部门之间的传递过程,通过移动端在现场随时随地采集施工现场问题,通过信息系统及时将信息分配并通知相关责任人跟踪整改;管理层通过平台及时获取项目信息,并通过数据统计分析为项目提供更可靠的决策,提升项目协同管理的价值。

10. 集成管理平台方面

智慧工地管理平台是在互联网、大数据时代下,基于物联网、云计算、移动通信、大数据等技术的建筑施工综合管理系统。围绕建筑施工现场人、机、料、法、环五大因素,采用先进的高科技信息化处理技术,为建筑管理方提供系统解决问题的应用平台。平台可以集成 BIM 项目应用系统、实名制劳务管理系统、施工电梯升降机识别系统、物联网管理系统、智能塔吊可视系统、环境监测系统、远程视频监控系统、物料验收系统。工程云盘系统、智能监控系统以及虚拟现实体验系统。通过大数据应用与服务云平台,解决施工现场管理难、安全事故频发、环保系统不健全等问题。

11. 智慧工地行业监管方面

智慧工地建设将给建筑行业监管带来巨大变化。利用物联网技术及时采集施工过程所涉及的建筑材料、建筑构配件、机械设备、工地环境及作业人员等要素的动态信息,并利用移动互联和大数据、云计算等技术实时上传、汇总并挖掘和分析海量数据,从而构成实时、动态、完整、准确反映施工现场质量安全状况和各参加方行为的行业监管信息平台。在项目结束后,这些数据记录也能明确责任分区,使政府管理部门或建筑企业都能做到有责可追,有据可查,变事后监管为事中监管和事前预防,提升监管效率,保障工程质量,促进建筑行业健康发展。

二、智慧工地存在的问题

近年来,随着人们对智慧工地建设的热情不断高涨,智慧工地得到了快速发展。但由于工地具有空间地域属性,公司具有差异性需求,出现的一些问题不容忽视,如标准问题"重碎片、轻平台"问题等,只有切实解决这些问题,才能真正提高工程管理的信息化水平。客观来讲,智慧工地的建设存在以下几个方面的问题:

1. 缺少统一明确的建设标准

现阶段智慧工地平台主要是各软件公司依照自己对行业的了解去开发,因此存在着"各家各样"的现象,缺少行业的统一标准。由于没有形成统一的信息化标准规范体系,各方建设各自的系统,系统之间不能互联互通,数据不能共享;数据多方录入,来源不一,各系统间的数据往往不一致,这就造成了对数据不能进行有效统计分析,对企业决策不能提供有效的数据支撑。像平台接口要求能够兼容不同物联网系统、信息化系统,集成的数据源多样化,包含物联网数据、BIM数据、信息化数据、GIS数据等,但各数据之间融合协同的标准不统一,并且数据的呈现方式及价值的挖掘不够充分,对数据的集成应用深度有待提高。平台集成商的水平参差不齐,对于企业而言,面临的问题一方面是对软件公司的选择存在盲目和随波逐流的现象,另一方面是所选择的软件公司的系统是否能够满足今后主管部门对智慧工地的具体要求。因此,软件公司应做好相关的调研工作,将各类平台模式化、集成化、平台化,促进生产方式、管理方式、产业形态的创新。

2. 存在"重碎片、轻平台"的现象

施工企业现场项目管理普遍存在"缺什么、上什么"的现象,各系统之间存在不兼容和无法关联的情况,导致在企业端、项目端、平台端和软件之间无法互相共享信息。应建立实现企业内部组织、企业内部岗位、企业与项目以及上下游产业链互联互通的基础,这个连接基础就是基于云技术的集成平台,平台的建立为企业管理提供了统一的协同中心、数据中心和业务中心,通过平台的搭建连接公司和项目部各个层级、各个岗位,实现不同专业应用数据、管理数据的收集、分析处理与即时分发。平台化有助于业务工作突破地域、时间界限,降低沟通成本,提高协同效率,实现企业资源优化配置。

3. 人才缺乏问题

缺乏专业的技术人才、没有系统的技术培训、员工知识与能力结构欠缺、员工不愿意接受新技术等问题,影响了系统使用的应用性,使得企业智慧工地应用的推进速度缓慢。因此,培养、吸引人才是企业进一步应用智慧工地需要解决的首要问题。

4. 硬件建设相对滞后

硬件配套不够完善,难以支撑智慧工地和其他多种专业软件的集成应用。同时,网络基础设施建设水平的参差不齐也成为智慧工地应用的瓶颈。由于建筑工地所处环境复杂、地域偏僻,施工企业日常办公所需的网络环境较难达到有效覆盖,大大降低了系统的使用效果和数据的传输效率。需要网络运营商为施工企业提供信息化基础网络保障,提高施工现场的用网环境,完善4G、5G网络在施工现场的搭建,提升智慧工地系统使用的稳定性和耐用度,做好系统的维护和更换工作。

5. 信息化数据分析水平有待进一步提高

建筑业是最大的数据行业之一,又是数据化程度较低的行业之一,现状往往是"真正想要的数据没有收集上来,已经收集上来的数据没有价值"。施工企业对数据价值的挖掘还不够,相关数据分析软件还不够多,现有的分析软件对待海量数据挖掘、分析、处理所达到的效果还不好。因此,需要软件开发公司和施工企业进一步协作,不断完善相关软件的智能化水平,开创"用数据说话、用数据决策、用数据管理、用数据创新"的新态势。

6. 重视程度需要加强

大多数建筑施工现场还处于粗放型管理水平,施工现场管理难度不断加大,这就需要施工企业与相互协作方共同提高智慧工地的推广和应用,不断提升对施工一线的管理水平;主管部门、行业协会、施工企业和现场第三方要不断地做好宣传贯彻工作,统一认识,制定相应的规划措施,循序渐进地实施,强化各系统的应用,使智慧工地的开展落到实处。项目信息化管理系统的建设需要一个不断迭代、改进、更新的过程,建筑施工企业需要在项目应用实践过程中不断总结应用成果、推广成熟应用经验,联合相关建设参与方、系统开发公司,助推智慧工地软硬件不断完善,实现施工项目精细化管控。

三、智慧工地的发展趋势

针对智慧工地存在的问题,智慧工地主要发展的趋势有以下几个方面:

1. 智慧工地集成平台趋向通用性

随着工地的标准化和统一化,智慧工地平台能够适用于大多数工地实际情况,平台建设逐步实现轻量化、低耦合,能够移植并适用于各种终端。另外,智慧工地的平台接口和数据接口实现统一的标准化和可扩张性。

2. 智慧工地实现多方互联

未来智慧工地的发展应能实现人、机、料等的互联互通,为企业决策层提供科学的决策依据,实现专项信息技术与建造技术有机融合,项目内部无障碍沟通,项目管理协调顺畅。

3. 营造生态、人文、绿色的施工现场环境

未来智慧工地将通过各种先进技术手段进一步与项目管理进行融合和交互,提高企业的科学分析和决策能力,通过集成工地物联网,在大数据的基础上利用云计算等先进技术手段进行数据的深层挖掘,对大数据进行应用分析,与更多的信息化系统或物联网系统进行融合,最终在平台实现数据的集成和应用的集成。未来

智慧工地将通过各种先进技术的综合应用,推动建筑行业向更加自动化和智能化的趋势发展。

四、智慧工地发展历程

施工现场信息化的发展在不同的历史时期有其明显的特征,总的来讲,我国施工现场的信息化主要经历了三个发展阶段。一是单业务岗位应用的工具软件阶段从 20 世纪 90 年代到 2005 年之前,面向一线工作人员的单机工具软件,工作效率大幅提高。二是多业务集成化的管理软件阶段:从 2006 年开始至 2012 年左右,主要是以集成化的项目管理系统或平台的形式出现,一般面向企业管理者自上而下实现推广和实施,基于企业、项目、施工现场三层架构实现全面信息管理。三是聚焦生产一线的多技术集成应用系统阶段:集成多技术有效辅助一线工作、实时采集一线数据、精细化管理和数据分析等。

第二节　智慧工地的整体架构

一、系统整体架构

智慧工地是将传感器件植入到建筑、机械、人员穿戴设施、场地进出口等各类物体和场所内收集人员、安全、环境、质量、材料等关键业务数据,并进行普遍互联,然后依托物联网、互联网、云计算,建立云端大数据管理平台,形成新的业务体系和新的管理模式。建立智慧工地综合管理平台,可以打通一线操作与远程监管的数据链条,聚焦项目现场一线生产活动,实现信息化技术与生产过程深度融合;保证数据实时获取和共享,提高现场基于数据的协同工作能力;借助数据分析和统计处理,提高领导科学决策和智慧预测能力;充分应用并集成软硬件技术。

智慧工地所构筑的平台主要由感知层、传输层、支撑层、应用层、用户层五个部分组成。在项目现场组建智慧工地平台,可以分数据采集端、数据传输端、数据处理端三个步骤进行建设,最终进行联合调试投入使用,实现对项目现场生产活动的全方位管理。

第一层感知层,将摄像头、闸机、环境监测仪、GPS定位仪、监测仪器等电子感知设备,布置在项目现场相应位置,监测并采集数据信息,获取现场第一手信息资料。

第二层传输层,在项目现场建立通信基站或利用公共网络作为智慧工地的信息传输平台,将感知层所采集到的人员事务等相关信息,通过无线或有线的方式向后方进行传递。

第三层支撑层,通过与现有的视频监控系统、气象监控系统、门禁系统、户外电子屏幕显示系统、同进同出协同管控平台、安全监控系统、政府公网发布平台以及自动或手动方式集成的其他信息,进行数据交汇、储存、计算,形成大数据云计算平台。通过云平台,对各系统中复杂业务产生的大模型和大数据进行高效处理。

第四层应用层,利用相关的专业软件和技术,如视频软件、文档软件、VR、BIM软件等,对收集的数据进行智能化分析处理,做出判断和提示,为管理者的决策提供参考和依据。

第五层用户层,用户可通过PC端、手持终端、触摸屏幕等直接操作智慧工地指挥服务平台,让项目参建各方更便捷地访问数据、协同工作,使项目建设更加集约、灵活和高效。

二、智慧工地系统架构与应用评价

智能化设备虽然可充分采集施工现场数据,但缺少完整的体系架构,不仅阻碍有效利用海量数据,且数据将成为用户的负担,无法对实际工程产生效益。本研究在明确智慧工地内涵及系统关键组件的基础上,参考不同标准中的管理系统层级,提出普适性的智慧工地系统架构。基础层主要由智慧工地信息基础设施包含的数据采集设备及边缘服务器构成,如监控摄像头、传感器等,具有身份识别、图像声音采集、环境监测、设备运行状态监测等功能,用于工地建设管理过程中捕捉和收集数据,并按照局域网、互联网、物联网的相应通信协议实现数据传递与归集。平台层具有互联网协作、协同管理、移动互联、物联网接入、BIM、GIS 等功能,实现对现场数据的整合、处理及不同业务管理模块的集成运作,为应用层提供应用支撑,应用层聚焦施工阶段的生产管理工作。根据智慧工地管理系统划分的"功能板块",如人员管理、机械设备管理、环境监测、视频监控、质量安全管理等,在应用层细分为不同子系统,通过对平台层的衍生分析实现智能决策。用户层面向使用对象(如施工、监理等参建单位、从业人员、政府监管部门等用户),展示从数据中得到的决策支持信息。应提供 PC 端和移动端展现手段,满足用户接入需求,并支持按业务管理范围分级分权限管理。同时,智慧工地现场管理体系需对接政府综合信息管理平台等外部系统,相关政府监管部门具有对施工现场各要素进行远程监测、管理、统计分析等功能。共享数据应采取分级权限管理,建立安全共享机制,验证数据共享交换过程和对象,确保数据安全存储、传递和应用。另外,智慧工地评价应覆盖完整施工活动全过程,涵盖施工过程中的人、机、料、法、环、品等要素,以不同功能模块下包含的技术设施和管理要求及建造过程的智慧化管理效果为评价指标。同时评估智慧工地接入行业监管系统的数据安全性、合规性等,在实施过程中动态抽查数据真实性、时效性。在注重评价机制严谨客观的同时,保留智慧工地建设单位的施展空间,并采取加分等措施鼓励技术创新。

三、智慧工地应用架构

"智慧工地"信息化应用架构包括现场应用、集成监管、决策分析、数据中心和行业监管五个方面的内容。现场应用通过小而精的专业化系统,实现施工过程的全面感知、互通互联、智能处理和协同工作;集成管理通过数据标准和接口的规范,将现场应用的子系统集成到监管平台,创建协同工作环境,提高监管效率;基于一线生产数据建立决策分析系统,通过大数据分析技术对监管数据进行科学分析、决策和预测,实现智慧型的辅助决策功能,提升企业和项目的科学决策分析能力;通过数据中心的建设,建立项目知识库,通过移动应用等手段,植入一线工作中,使得知识发挥真正的价值;"智慧工地"的建设可延伸至行业监管,通过系统和数据的对接,支持智慧行业监管。

四、智慧工地体系架构

从纵向角度来看,智慧工地应用体系架构包括前端感知、本地管理、云平台处理以及移动应用四个方面。前端感知层,顾名思义是用于感知并采集施工现场的各类数据,主要是由各类型的传感器等智能元件所组成。本地管理层将前端感知层所采集的数据进行相关的显示处理,在 BIM 数据库中对相关反馈的数据进行加工分析,及时发现施工过程中的隐患,并及时纠偏。在云平台中,可以利用大数据技术对数据进行统计处理。云平台处理结果可以通过互联网推送到智慧工地 APP,相关管理人员可以依据自身权限来查看施工现场状况和数据进行管理决策工作。在上述所有构成体系中,智慧工地云平台无疑是整个智慧工地系统的核心,它是依托于大数据及云技术的管理和控制中心。在智慧工地云平台的支持下,施工企业管理人员可以轻松实现同时对不同工地、多个终端的统一协调管理及 APP 实时数据推送。

五、智慧工地整体解决方案

(一)平台技术构架

智慧工地平台技术构架包括:感知层、网络层、平台层、应用层。智慧工地集成平台包括三个层级:项目层级、公司层智慧工地平台市场上主流厂家有中建电商的云筑智联、广联达 BIM+智慧工地平台等包括电信运营商也介入智慧工地平台的建设。关于平台的选择,要满足以下需求:性价比高且适合企业自身发展需求,要能够保证企业数据的安全,具有高兼容性和可扩展性,可以满足企业和项目特殊定制的需求。

(二)技术标准

1. 硬件标准

现阶段智慧工地建设工作的核心是从项目现场物联网设备采集数据,因此需要根据各智能设备类别确定各个设备的硬件标准。硬件标准主要是确定设备的信号传输方式和设备接入协议:可以根据实际情况应用统一信号转换器,将相关智能设备传输信号可转换为统一的数字信号,以降低硬件对接成本。

2. 数据和接入标准

对于接收到的设备数据转换为标准数据格式进行存储、计算和展示;根据智能设备的类别制定相应的接入标准(如 Wi-Fi、有线网络、4G/5G 网络等)。

3. 视觉标准

智慧工地集成平台提供统一的视觉标准和展示方式。展示方式包括:LED 大屏监控、PC 端管理监控、移动终端监控(含 APP 和微信公众号两种形式)。

4. 系统功能

通过智慧工地平台打造 3 项能力:感知能力、决策预测能力、创新能力。实现管理智慧化、生产智慧化、监控智慧化、服务智慧化。智慧工地从单个系统的应用到多系统综合应用再到智慧工地平台整体解决方案,一步一步走向成熟。

目前已有 36 个子系统在各个项目上都有不同程度的应用,具体如下:场区周界防范声光语音报警系统、智能感应危险区域报警系统、烟感报警系统、车辆识别管理系统、安全违章采集处理系统、施工人员精准定位系统、场区一卡通系统、互联网+质量平台系统、互联网+党建、智慧工地二维码管理信息系统、无人机航拍技术、DB World 项目管理 BIM 云平台、场区智能照明控制系统、施工区无线电子巡更系统、3D 扫描及打印技术、深基坑和超高层沉降及高支模监测系统、"云筑"收货管理系统、超高层变频供水监控系统、建筑机器人应用、标准养护室监测、塔吊限位防碰撞及吊钩可视化系统、施工电梯安全监控系统、工地智能吊篮监测报警系统、工地卸料平台监测报警系统、电气防火监测报警系统、工地互联网远程视频监控系统、红外热成像防火监测报警系统、环境监测系统、降尘除霾系统、水电无线节能监测及能效管理系统、空气能+太阳能供热系统、雨水回收及屋面喷水降温控制系统、办公区屋面光伏发电节能系统、工人生活区智能限电控制系统、场区无线智能广播系统。限于篇幅就不对各子系统的功能一一介绍了。在实施智慧工地时可以根据项目实际需求有选择地选用以上子系统,可根据项目定位进行菜单式(基础型、标准型、强化型)快速选型,在此基础上根据项目实际需求调增或调减子系统。

六、智慧工地技术支撑

BIM 技术:BIM 技术在建筑物使用寿命期间可以有效地进行运营维护管理,BIM 技术具有空间定位和记录数据的能力,将其应用于运营维护管理系统,可以快速准确地定位建筑设备组件。对材料进行可接入性分析,选择可持续性材料,进行预防性维护,制订行之有效的维护计划。BIM 与 RFID 技术结合,将建筑信息导入资产管理系统,可以有效地进行建筑物的资产管理。BIM 还可进行空间管理,合理高效地使用建筑物空间。

可视化技术:可视化技术能够把科学数据,包括测量获得的数值、现场采集的图像或是计算中涉及产生的数字信息变为直观的、以图形图像信息表示的、随时间和空间变化的物理现象或物理量呈现在管理者面前,使他们能够观察、模拟和计算。该技术是智慧工地能够实现三维展现的前提。

3S 技术:3S 技术是遥感技术地理信息系统和全球定位系统的统称,是空间技术、传感器技术、卫星定位与导航技术和计算机技术、通信技术相结合,多学科高度集成的对空间信息进行采集、处理、管理分析、表达、传播和应用的现代信息技术,是智慧工地成果的集中展示平台。

虚拟现实技术:虚拟现实技术是利用计算机生成一种模拟环境,通过多种传感设备使用户"沉浸"到该环境中,实现用户与该环境直接进行自然交互的技术。它能够让应用 BIM 的设计师以身临其境的感觉,能以自然的方式与计算机生成的环境进行交互操作,而体验比现实世界更加丰富的感受。

数字化施工系统:数字化施工系统是指建立数字化地理基础平台、地理信息系统、遥感技术、工地现场数据采集系统、工地现场机械引导与控制系统、全球定位系统等基础平台,整合工地信息资源,突破时间、空间的局限而建立一个开放的信息环境,以使工程建设项目的各参与方更有效地进行实时信息交流,利用 BIM 模型成果进行数字化施工管理。物联网是新一代信息技术的重要组成部分,顾名思义,物联网就是物物相连的互联网。这有两层意思,其一,物联网的核心和基础仍然是互联网,是在互联网基础上延伸和扩展的网络;其二,其用户端延伸和扩展到了任何物品与物品之间进行信息交换和通信。物联网通过智能感知、识别技术与普适计算,广泛应用于网络的融合中,也因此被称为继计算机、互联网之后世界信息产业发展的第三次浪潮。

云计算技术:是网络计算、分布式计算、并行计算、效用计算、网络存储、虚拟化和负载均衡等计算机技术与网络技术发展融合的产物。它旨在通过网络把多个成本相对较低的计算实体,整合成一个具有强大计算能力的完美系统,并把这些强大的计算能力分布到终端用户手中。云计算技术是解决 BIM 大数据传输及处理的最佳技术手段信息管理平台技术:其主要目的是整合现有管理信息系统,充分利用 BIM 模型中的数据来进行管理交互,以便让工程建设各参与方都可以在一个统一的平台上协同工作。

数据库技术:以能支撑大数据处理的数据库技术为载体包括对大规模并行处理(MPP)数据库、数据挖掘电网、分布式文件系统、分布式数据库、云计算平台、互联网和可扩展的存储系统等的综合应用。

网络通信技术:网络通信技术是 BIM 技术应用的沟通桥梁,构成了整个 BIM 应用系统的基础网络。可根据实际工程建设情况利用手机网络、Wi-Fi 网络、无线电通信等实现工程建设的通信需要。

第三节　智慧工地智能设备

一、云边协同专用设备

云边协同概念的提出是为了弥补传统中心化云服务的短板,在制造业数字化转型中首先应用。在智能制造系统中,云边协同是指云平台、边缘系统和物理系统的相互协同,从而高效、安全、高质量地完成制造全生命周期的活动和任务。在建筑行业,引入云边协同概念主要是由于建筑施工现场环境恶劣,网络不稳定,而施工现场管理必须要实现数据的即时交互,同时还要满足集团企业对施工现场数据的可视化分析需求。云边协同专用设备即智能物联网网关,是实现万物互联和施工现场智能设备数据集成核心设备。建筑施工现场网络环境恶劣,数据输入断续,使用的智能设备型号复杂多样,云边协同专用设备提供标准接入,支持各硬件及软件应用接入,打造"人、机、料、法、环、测"工地整体智能物联网平台,实现数据集成共享、离线应用、联网断点续传。边缘计算,保证了数据传输安全可靠,其设备集成能力、边缘计算能力,智能分析能力,既解决工地网络不稳定对数据集成分析难的问题,又满足企业数据收集监管可视化分析展示的需求。

二、建筑工人与智能设备交互机理

进行建筑工程项目管理的业主方、施工方和监理方等各单位的管理者,能够通过网络的方式实时了解建筑工人以及施工现场的情况,这也被称作为人机交互,人机的交互过程通常通过建立人机交互模型来实现。系统、用户和内容3个基础对象构成人机交互模型,同时它们之间又通过相互协作交互来共同完成。若要面向不同应用系统或方式来进行信息展示,那么就必须利用新设计的兼容系统来提供相应的功能和系统操作才能顺利地完成,要使用户成功快捷地获取内容,系统的信息就会根据其使用的用户信息系统来明确其根本目的和主要内容,从而进行建筑工程施工的人机交互模型和实际用户以及网络和管理内容等之间的交互。

第四节　智慧工地的总体设计

一、总体架构

智慧工地系统基于北斗室内外一体化定位系统,结合 GIS 地理信息系统、建筑信息模型(BIM)系统、视频监控系统、物联网等相关技术的综合方案,实现对现场施工人员、设备、物资的实时定位,有效获取人员、机械设备、物资位置信息、时间信息、轨迹信息等,及时发现遗漏异常行为,实现自动化监管设施联合运作,提高应急响应速度和事件的处置速度,形成人管、技管、物管、联管、安管五管合一的立体化管控格局,变被动式管理为主动式智能化管理,有效提高施工现场的管理水平和管理效率。

图1 中卫古城110 KV变电站扩建工程项目鸟瞰图

系统的设计与开发都要从整体和系统的角度考虑其角色和作用,并有效地利用最新的信息技术,如 GIS 技术、组件技术、WEB 技术、数据库技术等,实现项目资源信息与基础空间数据相结合,构造一个信息共享、集成的、综合的工地管理和决策支持平台,实现经济和社会效益的最大化。

总体架构如下图所示:

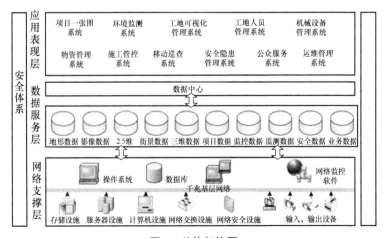

图2 总体架构图

在系统具有良好的运行环境保障下,根据系统建设的目标,系统的设计框架基于业界标准的三层体系结构——支撑层、数据层、应用层。因为采用这种体系结构无论从平台的角度还是从开发的方面,均是一个结构灵活,便于调整的应用体系。而对整个系统的业务逻辑和数据访问、共享等通过组件层进行封装,各个应用可以基于组件迅速搭建。

1. 支撑层

依托服务器、互联网、北斗位置服务、北斗终端、智能传感器等软硬件设施,采用相控阵技术在通信 5G 基站,ZigBee 站内设备之间无线通信,为系统的高效、稳定运行,创造良好的支撑环境。

2. 数据层

整合基础地形、影像、三维、街景、BIM 建筑模型(三维)、项目、专题等数据,用统一的数据标准进行空间入库,为应用层提供必需的数据基础。

3. 应用层

应用层包括数据管理、项目一张图系统、环境监测系统、工地可视化管理系统、工地人员管理系统、机械设备管理系统、物资管理系统、施工管控系统、移动巡查系统、安全隐患管理系统、公众服务系统和运维管理系统,实现建设项目日常监管。

二、工作原理

室内外一体化系统主要由区域定位、室内定位、北斗定位相结合来实现,由主基站、从基站、北斗卫星、定位标签等设备组成,前端设备采集数据以无线 AP、无线(Wi-Fi、4G/5G、RDSS 和报文等)方式传输至系统平台,平台将数据信息进行解析处理后,得到所需信息。

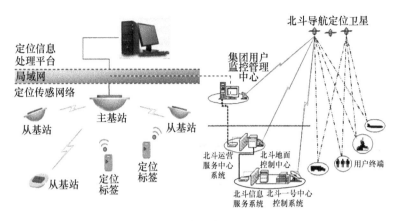

图3 系统工作原理图

室外采用北斗卫星信号对地面人员、设备、车辆进行定位;在卫星信号弱或者无法覆盖的区域内,使用 UWB 定位基站进行信号覆盖;为工作人员、重要设备物资、车辆以及关键点配置定位标签,定位标签发射定位信号,定位基站接收解调定位信号,将数据传回后台管理中心,后台管理中心通过优化的高精度定位算法,解算出关键点和工作人员、设备物资的位置、人数信息,并将位置信息及运动轨迹在智能管理系统上显示。工作人员在发生特殊事故时通过与视频监控进行联动,有序地对事故现场进行调度控制,且设备可以自动或手动上报事故信息以便后期事故处理提供有效的证据,后台管理中心通过自动分析、统计、制作成报表进行备案。

调度、管理人员可通过电脑客户端(或 WEB 客户端)登录系统平台,随时查看各部门、各工作区人员到岗、工作情况,结合电子地图可查看设备物资信息、人员轨迹、异常点分布等,通过系统终端对现场运输车、物料等进行有效的调度,从而实现对现场工作信息化、数字化、网络化、图形化的管理,为管理制度的落实及资源管理提供技术保障。

第二章　智慧工地信息感知平台建设

第一节　人员管理平台

一、人脸识别门禁系统

(一)建设依据

建设项目施工现场班组工种多、人员分布广、流动性大,施工区域多个施工班组并行作业,施工班组工作时间和施工周期也不尽相同。除了现场施工和管理人员,项目检查和人员来访也给工地出入口管理增加了难度。当前施工现场入口多为刷卡通行,但无法解决代刷进场的问题,门禁卡片丢失也会影响人员进场,门禁卡片系统无法客观记录、实时查询,这些因素影响参建单位实时掌控工地现场情况,人员进出通行无法智能化管控,施工环境的封闭性和工地财产安全得不到全方位保障。近年来,政府相关部门对建筑施工企业劳务管理提出新要求,实名制管理和智能化管控已逐步强制要求纳入项目管理。2019 年住房和城乡建设部、人力资源和社会保障部制定《建筑工人实名制管理办法(试行)》其中第七条要求:"建筑企业应承担施工现场建筑工人实名制管理职责,制定本企业建筑工人实名制管理制度,配备专(兼)职建筑工人实名制管理人员通过信息化手段将相关数据实时、准确、完整上传至相关部门的建筑工人实名制管理平台。"相较于高效智能、安全便捷的信息化智慧工地体系,传统工地门禁系统已经无法满足建筑工地管理需求。智慧工地人脸识别门禁系统,以人脸识别为核心技术,为工地出入口场景应用量身优化门禁系统智能升级,可打造安全便捷、高效智能信息化工地。

(二)功能特点

采用人脸识别门禁系统,管理人员和现场工人通过闸机进出,外来人员可提前通过 App 软件、电话等申请人脸识别"通行证"。人脸识别门禁系统具有五大特点:实时监控、联动控制、报警提示考勤功能、人流限制。

1. 实时监控

当人员通过人脸识别进出工地现场时管理员可通过智慧工地平台实时查看人员照片、姓名、工种、班组等信息。人脸识别门禁系统可在出入口处安装摄像头与系统进行联动。当人员进出道闸时,电脑软件会抓拍一张人脸照片,抓拍的照片与原先登记的照片会在智慧工地系统中核实比对,确认后才允许人员通过道闸。

2. 联动控制

人脸识别门禁系统在道闸出入口处接入 LED 显示屏。对人员进行人脸识别时,LED 显示屏可实时显示人员姓名工号、进场时间等,还可以显示进场总人数、离开人数、工地剩余人数。可在LED 屏幕上提前设置显示欢迎词、注意事项、施工进度等信息。

3. 报警提示

人脸识别门禁系统具有报警功能,对于未被授权的人员或强行通过道闸的人员,通道会发出声光提示报警,同时智慧工地平台也会实时弹出报警信息。所有报警信息都会保存,方便以后查询调用。

4.考勤

每天可实时查询当天、当月或指定时段的考勤记录及考勤统计分析报表,并能输出打印。管理人员可随时查阅当天、当月或指定时段内的迟到、早退等情况。人脸识别门禁系统有详细的日报表、月报表功能。

5.人流限制

人脸识别门禁系统具有区域人数限制功能,启用该功能后,可以在系统内先设置一个区域内人员总数,以利于限制人流,防止发生意外情况。

(三)现场组建方案

人脸识别门禁系统由多个模块组成。

1.置于现场的人脸识别闸机和监控设备

闸机有三辊闸、翼闸、摆闸、全高闸等各种类型,可根据现场需要选择。当有人员通过闸机时,闸机会对人员进行人脸捕捉和拍照,将数据传输到终端设备进行人脸识别和数据分析。监控设备也会对通过闸机的人员进行实时监控。

2.置于室内的终端

由门岗客户端和中心管理服务器组成,联网服务器将人员信息传输至门岗客户端,如人员比对通过,则闸机开启并且在客户端显示人员信息;如人员比对不通过,则现场发出警告并将现场监控传输至客户端。

3.置于现场的 LED 显示屏和室外音响

根据客户端接收的信息对施工现场进行信息反馈和播报。

(四)使用效果

通过摄像机或摄像头采集含有人脸的图像或视频流,并自动检测和跟踪人脸,进而对检测到的人脸进行一系列相关技术处理包括人脸图像采集、人脸定位、人脸识别预处理、记忆存储和比对辨识,从而识别不同人员身份。用相关实名制考勤数据,汇总出人员考勤表、劳务出勤记录表等。利用智能识别技术,有效规避非现场管理和施工人员,降低工地不安全因素。利用门禁,有效隔离生活区和工作区,防范人身伤害风险。实时查看考勤数据和相关报表,与移动端整合,实现协同办公及精确化管理。

二、现场人员定位系统

(一)建设依据

随着工程建设规模不断扩大,如何完善现场施工管理、控制事故发生频率、保障安全文明施工一直是施工企业、政府管理部门关注的焦点。工地人员实时管理是现场工作的一个难点,工作面无法得到全方位监管,施工人员实时督察难。利用安全帽等穿戴设备对工地人员进行精确定位,可实时掌控现场施工人员和管理人员动态、便捷、高效开展标准化作业,可为事故处理和救援工作提供数据支撑,保障应急处置高效运作。

(二)功能特点

在现场人员佩戴的安全帽中安装智能芯片、集成 GPS 定位及

5G网络收发模块,从而实现人员精确定位。对工地人员的主动管理包括人帽合一、区域定位、安全帽佩戴检测、临边防护、特种作业等。脱帽检测功能可支持光敏、传感器等多种手段,在检测到脱帽后,将该状态作为报警传输至智慧工地平台并记录在数据库中,管理人员可根据平台数据做出应对。现场人员GPS定位系统具有以下特点:

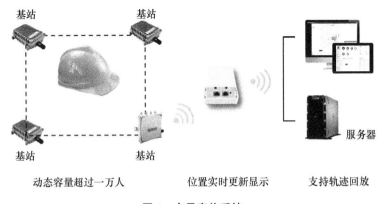

动态容量超过一万人　　　　位置实时更新显示　　　支持轨迹回放

图4　人员定位系统

1. 人员定位

通过对智能安全帽的定位,实现对人的实时管理。室外场景下,依赖GPS定位利用安全帽内GPS芯片定时获取工人位置,并将位置信息发送到平台;室内场景下,依赖色谱工地标识模块定位,并发送位置信息。

登高伴侣

图5　智慧安全帽

2. 轨迹跟踪

当人员在不同定位模块之间切换时(如室外到室内,或在不同色谱工地标识模块之间切换时),安全帽中的智能芯片会自动发送一条位置信息到平台。平台汇总人员在一定时段内的位置信息,生成人员轨迹。管理人员可根据人员轨迹来辅助判断工人有无违章行为。

3. 区域告警

GPS 和色谱工地标识模块为人员提供基础定位。在基础定位区域内,存在特殊作业区、危险区等二级定位(告警)区域。工人在 GPS 和色谱工地标识模块覆盖下,移动靠近告警区域(如红色色谱工地标识模块),系统会在平台端和安全帽端发起告警,同时安全员客户端也会收到提示信息。

4. 特殊工种作业管理

在部分特殊工种作业区域(如塔吊)部署蓝色色谱工地标识模块,只有经过授权的工人可在此区域作业。如其他工人在此区域停留超过一定时间,系统会发起告警提示。

5. 一键呼叫

工人遇到危险或异常情况时,可按下安全帽内一键呼叫按钮。平台收到告警提示,系统管理员可调阅发起一键呼叫的工人信息和联系方式,由相关人员与工人联系或安排现场巡查。

6. 人帽合一

新进场作业人员前往物资部门登记、领用安全帽,并由工作人员录入工人的相关信息包括姓名、年龄、人脸图像等,并将帽内芯片与帽子编号绑定。工人进场时,摄像头抓取人脸信息判断工人的面部特征与芯片内的人脸图像信息是否匹配,若匹配成功,则允许进场;若匹配不成功,或无法识别工人的面部特征,则不允许进场。

(三)现场组建方案

1. 信息接收端

管理人员可在平台终端实现对现场人员的调度和定位,系统具备完善的设备和用户管理功能,同时结合电子地图系统(GIS 系统)显示所有人员的实时定位信息及当前状态情况,并将信息保存到数据库中供日后查询。管理人员可根据现场情况在电子地图中设置特殊区域,当装有 GPS 的安全帽未经允许靠近特殊区域时,安全帽也会发出警报。

2. 数据传输端

由工地定位服务器和无线传输网络组成,工地定位服务器接收安全帽传来的数据信息,并将数据处理传输至信息接收端。

3. 前端设备

现场人员 GPS 定位系统,由安全帽 GPS 定位终端、5G 无线传输系统构成。安全帽 GPS 定位终端将高灵敏度 GPS 模块及 5G 模块内置于安全帽中。通过运营商(移动、联通等)信道传输至工地智能定位服务器,定位安全帽由 GPS 和大容量电池组成,GPRS 无线传输系统采用运营商 GPRS 信道传输定位数据。

(四)使用效果

当人员进入现场时,管理者可通过定位装置及时掌握进场人员所处施工位置;当安全帽告警时,警报信息能够及时提醒安全管理者进行检查；当发生安全事故时，可根据人员定位装置信息及时进行搜救。管理人员可随时调取人员行动轨迹，掌握人员工作动态。安全帽定位系统在智慧工地中的应用，可以有效提高安全管理效率，解决安全生产现场过程监管不力问题，实现"感知、分析、服务、指挥、监管"五位一体实现智能化管理、过程结果并重的安全生产新模式。

三、特种人员身份验证系统

（一）建设依据

近年来，建筑施工现场安全管理是安监部门监控的重点。项目现场的工程机械、设备大都需要特殊工种进行操作驾驶，该类操作人员需取得一定资质，对操作人员资质和经验要求较高，安全规范操作能有效降低风险和事故概率。为防止非授权人员操作机具，避免发生事故，在设备核心区域安装身份识别、语音应答等现代化智能设备，把好专业操作人员上岗关。

（二）功能特点

对塔吊、升降机驾驶员的身份验证，采用摄像机或光电扫描采集含有人脸的图像或视频流，并自动在图像或视频流中检测和跟踪人脸，进而对检测到的脸部进行一系列相关技术操作，包括人脸图像采集、人脸定位、人脸识别预处理、记忆存储和比对辨识，达到识别不同人身份的目的。使用智慧工地平台时，操作人员通过人脸识别即可正常驾驶塔吊、升降机等特种设备。设备内置高容量电池系统和可充电电池，在人脸识别设备断电情况下，仍可正常运行 3 小时以上，避免施工升降机断电而导致人脸识别系统无法正

常工作。人脸识别设备安装简便并且模块化设计,极大方便设备维修、保养,减少维护费用。该系统具有以下优点:

①大型机械设备在常规开关启动机械的功能基础上,增加人脸识别功能,需识别验证为备案操作人员后方可启动,从源头进行风险管控,彻底杜绝非认证操作人员擅自操作大型机械。

②可查询设备每次开启人员、使用时长,查询每次设备使用情况及违规警报记录。

③可对驾驶员作业行为判别、警告及记录,具有驾驶员疲劳驾驶识别及提醒功能。

④调取驾驶室视频监控功能,随时对现场操作进行监督。

(三)现场组建方案

对塔吊、升降机驾驶员人员身份进行验证,采用分体式人脸识别设备,包括人脸识别摄像头、机载人脸识别主机两部分。整套设备安装在塔吊或升降机驾驶舱内,摄像机安装在与驾驶员人脸高度一致的位置,一般安装在挡风玻璃侧边。人脸识别相关设备配备 5G 无线网络和 GPS 定位系统。对于上机操作的驾驶员进行人脸识别,确认操作人员身份,并登记操作和离岗时间。对上机、操作过程等进行人脸抓拍,并将抓拍的照片回传至终端。安装在塔吊、升降机中的设备,通过无线网络将数据传输到智慧工地平台数据库进行分析,智慧工地平台将分析结果和指令传输至监管中心,监管中心可对终端设备及现场人员进行管控。

(四)使用效果

系统实时对机械设备现场进行监管,有利于提高特殊工种员工履职到位率,降低设备安全风险。当操作人员走近摄像机时,设备将自动感知并启动人脸识别功能,显示屏显示人脸图像识别界面(显示为彩色的人脸图像)智慧工地平台自动存储用户当前识别时间,如人脸识别成功,语音播报人员姓名并记录工作时间。在操作过程中,智慧工地平台将随时开启人脸比对功能,对操作中途换人的情况进行随机检测,发现异常即通过无线网络发出警报,提醒管理人员注意。管理人员可直接调取驾驶室视频影像,通过报警装置对现场进行语音警告。智慧工地平台自动记录警报时间等信息,供管理人员查询。

第二节　机械管理平台

一、大型机械定位指挥系统

(一)建设依据

随着卫星定位技术越来越成熟,其应用领域也越来越广泛,形式也越来越多样化,其设备也快速实现便携化、智能化。尤其在中国北斗卫星导航系统投入使用以来,卫星定位的精度有所提高,定位的稳定性和可靠性也大大提高。目前,高精度 GNSS(全球导航卫星系统)定位技术已经广泛应用于多种大型工程机械的作业现场和状态监测领域。利用 GNSS 卫星高精度定位技术,能够实现对大型机械设备的位置和姿态进行监测与控制,配合呼叫功能还能实现对工程机械的调控,特别是挖掘机、推土机、装载机、运输车辆、桩机等移动的工程机械设备。基于 GNSS 高精度定位技术的机械控制单元,可以辅助操作员施工作业,也便于项目管理人员提高工程质量和施工效率,提高作业安全性。

(二)功能特点

建筑工程大型施工机械设备,具有作业区域广、设备分散、流动性大等特点,因此对大型施工机械设备进行管理指挥、安全监测等显得十分重要。大型机械设备定位指挥系统,首先可动态掌握项目现场所有机械设备的位置并进行相关数据统计,其次可采集现场高程、坐标、面域等三维数据,更加精确指导现场大型机械设备操作,确保工艺质量。大型机械设备定位系统除具有信息储存、管理、查询、统计等功能外,还具备空间数据管理和空间分析功能。

1. 大型机械设备动态分布

安装大型机械设备定位装置,实时记录大型设备的位置信息,将每台设备的位置进行可视化呈现,可实时查看单个机械设备(比如土方运输车辆)的档案信息、活动轨迹、检修记录、检测数据等。对采集到的机械设备行进轨迹、作业区域、作业时长等数据进行分析,自动提示工作任务。位置服务平台为管理人员提供位置查询服务,方便管理人员随时查询当前及历史作业数据,统计作业工作量。位置服务平台为建设单位提供工程进度查询及预测,为安全管理部门提供事故监管及预防服务,对存在隐患的机械操作提前预警,甚至做出控制行为,避免事故发生。

2. 高精度定位

利用高精度差分定位技术,为工程机械提供精准的位置测量,提供永久性的位置参考坐标系,位置数据可追溯可重复,历史测量数据具备分析和应用价值,精确测量标高、轴线等数据,提高机械化作业效率,降低操作者劳动强度。

（三）现场组建方案

施工现场大型机械设备管理主要是安全操作和质量行为方面。系统主要由发射、接收、控制三个部分组成。运行过程中高精度 GNSS 机械控制系统主要由多频 GNSS 接收天线、高精度 GNSS 接收机自动控制单元和显示引导单元组成。

1. 多频 GNSS 天线和高精度 GNSS 接收机

GNSS 天线和接收机一般可以通过接收北斗导航卫星、GPS GLONASS 等导航卫星的信号，利用高精度的定位算法得出天线的位置，从而推算出车辆的位置。配合使用陀螺、角度计算或者利用双天线测向原理，可以精确测量车辆以及作业臂的位置及姿态。

2. 显示引导单元

通过显示引导设备，操作员可以更加清楚地掌握车辆位置以及作业状态，方便操作员更加灵活、准确地控制作业工具，使得作业效果更好、效率更高、安全更有保障。

3. 自动控制单元

对于部分作业机械（例如平地机和推土机），自动控制单元能够自动控制铲刀、铲斗高度。

4. 数据记录

车辆作业过程和结果能全部被记录保存，并按要求上传到数据管理中心方便管理人员随时查看施工进度和效果，追溯作业过程中出现的问题。整套系统包括 RTK 基准站、多频天线 GNSS 接收机和显示控制器几部分。RTK 基准站是卫星定位的重要部分，一般设置为半永久性基站，可以设置在项目指挥部范围内的开位

置;差分改正信息通过 GPRS 网络或 UHF 电台发送给车载 GNSS
接收机,通过无线网络将信号传输至机械设备及车辆;在驾驶室内
安装显示设备,可供操作人员接收可视化信息。

以推土机为例,在推土机的铲斗上安装 GNSS 天线利用高精
度 GNSS 定位技术,精确测量铲斗的位置和高度,自动控制单元根
据事先设定的地面高度与角度,自动控制铲斗的升降。通过显示
引导单元,驾驶员准确掌握作业进度,从而引导车辆快速完成全部
作业。整个施工作业过程,只需 1-2 次往返即可达到设计目标,精
简测量、放样等工序,一次性解决高程、平整度和坡度控制等问题,
节省大量的现场测量工作,提高作业效率和安全性。施工现场大
型机械定位系统的后台主要用于各种机械设备的实时指挥及提
示,主要包含三个模块,即动态可视模块、语音对讲模块、数据分析
模块。动态可视模块将现场所有大型机械设备投射在屏幕上,可
实时查询现场动态,利于道路交通管理和机械设备防碰撞。

语音对讲模块是现场管理的重要手段,可随时对移动的机械
设备发出语音指令。数据分析模块,主要统计记录机械的作业时
长和设备状态记录每台设备的台班数量,及时发出维护保养预警
信息。

(四)使用效果

随着卫星导航技术、电子测量技术的不断发展,未来大型机械
设备定位指挥系统的应用将更为广泛。定位指挥系统将改进原有
施工工序,实现边施工边检查、边纠偏,保证施工精确度;将大量人
工测量工作,改变为动态自动测量,更加直观、快捷地将相关信息
数据传递给操作者,提高现场作业效率;更能保证施工工艺质量,
比如能够精确记录压路机振动振幅达到规定值以后压实的路面轨

迹;引导操作手控制铲具位置减少测量和划线等工序,避免破坏地下管线;控制施工车辆的行驶和作业路径;引导桩机钻头精确指向设定的位置控制桩孔深度和坐标。

二、塔吊管理系统

(一)建设依据

塔式起重机是工程建设施工中的关键装备,既可在平面转运物资,也能用于垂直运输。在电网小型基建项目中,施工现场大多布置塔吊,有些存在多台塔吊同步作业情况,该风险源是项目安全管控重点。据政府安监部门调查分析,全国1200多例塔机事故中塔机倾翻和断臂等事故约占70%,事故主要原因是超载和违章作业。国家标准《塔式起重机》(GB/T5031－2019)明确要求塔式起重机"配备安全报警与显示记录装置",目的就是利用信息化监管手段,保证大型起重机械安拆、运行规范,降低塔吊安全生产事故发生率。

(二)功能特点

塔式起重机安全监控管理系统,基于传感器技术、嵌入式技术、数据采集技术、数据融合处理、无线传感网络与远程数据通信技术,具备建筑塔机单机运行和群塔干涉作业防碰撞的实时监控与声光预警报警功能,并在报警的同时自动中止塔机危险动作,实现现场智能化和人机交互。同时,通过远程高速无线数据传输,将塔机运行工况数据和预警报警信息,实时发送到可视化监控指挥平台,从而实现实时动态的远程监控、远程报警和远程告知。塔式起重机安全监控管理系统,从技术手段可及时监管塔机使用过程,

及时发现设备运行过程中的危险因素和安全隐患,有效防范塔机安全事故发生。其具有以下四个功能:

1. 避免误操作和超载

可实时向操作者显示塔机当前的工作参数,如起重量、幅度、力矩等,改变靠经验操作。在达到额定载荷的90%时,系统会发出报警,提醒操作者注意;超过额定载荷时,系统会自动切断工作电源,强行终止违规操作。

2. 为设备维护人员提供数据判断

设备维护人员可实时掌握塔机的工作状态,根据系统统计数据,预知零部件的使用寿命情况,使机械维修具有针对性,从根本上减少设备隐患。

3. 为管理者提供监管平台

系统全程记录每一台塔机的工作过程,管理者可实时调取信息,为管理部门评价操作者技能、工作效率、有无违章行为等提供有效数据,使监管落到实处。

4. 为事故处理提供有效证据

系统具有超大容量的参数记录功能,连续记录每一个工作循环的全部参数并存储(30万次,相当于塔机使用5年的工作时间),且存储记录只读文件,不会被随意更改。安全管理人员只要查阅"黑匣子"的历史记录,即可全面了解每一台塔机的使用状况。

(三)现场组建方案

一个完整的塔机智能安全监控系统,由多台塔机安全监控管理平台(可植入)、无线通信终端、前端传感器组成。将高精度传感器安装在各个塔身、悬臂、驾驶室内,采集塔机的风速、载荷、回转、幅度和高度等关键数据信息,将数据通过 WSN 网络实时传输到控制系统和监控系统中。根据实时采集的信息,控制器做出安全报警和规避危险的措施,同时把相关信息发送给监控指挥平台,管理者可通过各种终端查看到现场每个塔机的运行情况。传感器总共有 5 类,分别是:测重传感器、风速传感器、回转传感器、幅度传感器和高度传感器,其中量程和精度参照 GB5144-2016。

1. 测重传感器布置

量程:大于塔式起重机额定起重量的 110%;精度:测量误差不得大于实际值的 ±5%;采集频率:每隔 100 ms 采集一次;安装位置:塔式起重机起升缆绳定滑轮内;可实时显示力矩,当力矩达接近额定力矩的 95% 时,给出报警信号;达到 105%,给出继电控制信号;超过 115%,给出力矩限制失效信号并记录。

2. 风速传感器布置

量程:大于塔式起重机工作极限风速;精度:1 m/s;安装位置:塔顶。

3. 回转传感器布置

量程:0°-360°;精度:±1°;采集频率:每隔 50 ms 采集一次;安装位置:回转齿轮上。

4. 幅度传感器布置

量程:0-100 m;精度:1 m;采集频率:每隔 50 ms 采集一次;安装位置:变幅机构的齿轮上。

5. 高度传感器布置

量程:0-200 m;精度:1 m;采集频率:每隔 100 ms 采集一次;

安装位置:起升机构的齿轮上。

(四)使用效果

前端传感器设备采集到的塔机工作参数(载荷、幅度、风速、起升高度和回转角度),通过无线终端传至监控终端。监控终端软件可根据前段信息进行智能分析,达到额定载荷的90%时,系统发出声光报警,提醒操作者注意;当塔机在超风速条件下作业时,发出声光报警;当塔机运行靠近高压线或建筑物等物体时,发出声光报警;当多台塔机同时作业,塔机有可能碰撞时,发出报警并阻止塔机向危险方向运动。系统可记录所有工作循环数据,下载后保存、查看,方便统计管理;可以显示所管理塔机的分布及相关基本信息;实时显示塔机载荷、幅度、回转角度、起升高度、起升速度等信息。

三、施工升降机监控系统

(一)建设依据

施工升降机是建筑施工中不可缺少的垂直运输工具,是工程项目中重要的关键特种设备,在多层和高层建筑物施工中广泛应用。施工升降机也是项目安全管理的主要风险源,施工升降机安装在建筑物外立面,长时间暴露在户外,运行环境较差。施工升降机多为临时租赁,容易出现落物、磨损等安全问题。尤其是人货电梯,自动化程度低,各种部件需要人工定期检查和维护。根据近几年的《全国建筑施工安全生产形势分析报告》显示,高处坠落事故占比达40%以上。在这些高处坠落事故中,施工升降机易发事故,约占10%,而且一旦施工升降机出现事故,群死群伤不可避免。目前,项目现场升降机仅依靠定期检查维护,不能实时监控,同时设备日常使用缺乏有效监管,安全事故时有发生。

(二)功能特点

施工升降机安全监控管理系统重点针对施工升降机特种人员操控、维修保护不及时和安全装置易失效等安全隐患进行防控。实时将施工升降机运行数据传输至控制终端和智慧工地云平台,实现事中安全可看可防,事后留痕可溯可查。施工升降机最为关键的安全指标是载重、限速、限位、刹车、呼叫等,也是日常检查的重点,但上述数据测量非常繁琐。施工升降机安全监控系统能对这些关键信息进行实时监测和采集,并对异常进行报警,将相关状态数据更加直观地展示在大屏幕上,便于安全维修保护人员观察、维护,消除升降机潜在的安全隐患。施工升降机安全监控系统可以实现:

①人脸识别:施工前录入驾驶员的相关信息,能屏蔽其他人员进入驾驶室,保证施工升降机的操作人员人证相符、依法合规。

②避免超载:系统可实时向操作者显示升降机轿厢内的重量和当前的工作参数,如起重量、幅度、力度等,在超过额定载荷的90%时,系统会发出报警,提醒操作者注意;当超过额定载荷时,系统会自动切断工作电源,强行终止违规操作。

③限制速度:可控制升降电梯的加速度和运行速度,防止速度过快不能及时刹车。

④呼叫装置:每层设置呼叫装置,遇到故障可及时求助和报修。

⑤维护提醒:施工升降机需定期维修保护,系统连接后台指挥系统和移动端 App,及时提醒维保人员对电动机、钢丝绳、限位器、

安全门等关键部位定期进行维保养护。

(三)现场组建方案

施工升降机安全监控管理系统是采用外接传感器的方式,采集施工升降机运行数据,通过微处理器进行数据分析,经由无线网络传输至数据处理服务器,实现升降机运行监控、故障报警、救援联动,维护提醒、日常管理、全评估等功能的综合性升降机物联网管理平台。施工升降机安全监控管理系统主要由两部分组成:升降机监控管理子系统和综合管理子系统。其中,升降机监控管理子系统是系统的监控模块控制器从升降机开关量、各种传感器采集升降机的运行数据,并上报到管理中心,管理中心通过计算处理,判断该升降机是否报警处理。综合管理系统核心所在部署,施工升降机安全监控管理系统包括数据库服务模块、管理服务模块、Web 服务模块等。两个管理子系统共同形成数据运算处理中心,完成各种数据信息的交互,集管理、交换、处理和存储于一体。

1. 准入管理

准入管理上采用比较先进成熟的人脸识别系统。升降机的人脸识别系统采用摄像头门禁一体式,尽量采用小型化的升降机门禁,降低升降机的重量。采用人脸识别系统,保证升降机驾驶员人证合一、信息准确,使得现场管理智能化和自动化。

2. 限重装置

一般的施工升降机载重量在 1-3 t,全部载人一般为 15-20人。限重传感器安装在升降机轿厢顶部位置,设定人员和自重不超过额定载重。限重装置包括重量显示器和电子报警装置,这两种装置均安装在升降机驾驶舱内。如有超重情况,报警装置发出提示驾驶员可观察到升降机当前重量,以便采取减重或其他措施。

3. 限速装置

升降机运行速度为 1~60 m/min。在轿厢顶部安装防冲顶发射模块,在升降机标准节架体顶部安装防止冲顶检测模块,两个位置上的传感器利用相互之间的距离数据,控制电梯的加速和减速。当两个传感器之间位置靠近时升降机刹车、速度逐渐降低,直至轿厢锁死,防止从上部冲出标准节。

4. 上、下限位器

为防止吊笼上、下时超过需停位置,或因司机误操作以及电气故障等原因继续上行或下降引发事故而设置限位器,一般安装在吊笼和导轨架上,由限位碰块和限位开关构成。设在吊笼顶部的最高限位装置,可防止冒顶;坐落在吊笼底部的最低限位装置,可准确停层,属于自动复位型。

5. 吊笼门防护围栏门连锁装置

施工升降机的吊笼门、防护围栏门均装有电气连锁开关,能有效防止因吊笼或防护围栏门未关闭而启动运行,造成人员、物料坠落损害。只有当吊笼门和防护围栏门完全关闭后,才能启动运行施工升降机。

6. 呼叫装置

楼层呼叫主机安装在驾驶室内,对讲模块安装在每层的升降机安全门附近位置。驾驶员的操作室位于升降机吊笼内,为保证信息流畅传递,须安装一个双向闭路电气通信设备,保障各层人员与驾驶员的语音呼叫通畅。

(四)使用效果

前端传感器设备采集到的升降机工作参数(载荷、加速度、限位器状态、视频影像等)通过无线终端传至监控终端。监控终端软件可根据前端信息进行智能分析,达到额定载荷的90%时,系统发出声光报警提醒操作者注意;当升降机在超速条件下运行时,自动报警并降速;限位装置、闭锁装置出现问题时,提前告示,按照维修保护措施及时保养。运用施工升降机安全监控管理系统,可实时监控施工升降机各个关键部位的数据和状态,更好预防事故风险发生。通过模块化设计,在较小的升降机空间内安装各种传感装置,并形成联网,可以有效降低驾驶员和后台操作人员的工作强度,有效提高施工升降机自动化水平,实现特种设备安全监管目标。

第三章 智慧工地建设在变电站 扩建项目中的业务功能

第一节 智慧工地安全管理

一、智慧工地安全管理

综合楼项目运用 VR、人脸识别、二维码、移动终端等信息化技术,研发与应用 VR 安全培训系统、智能安全答题上网系统、大型机械作业超限在线预警系统、远程视频监控系统、门禁考勤管理系统、智能安全帽实名制管理系统、大型机械设备实名制管理系统等智慧化系统,实现智慧工地全过程安全管控。

(一)VR 安全培训体验技术

综合楼项目引进 VR 技术,在此基础上研发出适用于小型基建项目的 VR 安全培训系统。该系统将虚拟环境与事故案例相结合,通过虚拟化沉浸式体验,使施工人员亲身感受违规操作带来的危害,增强安全意识。综合楼项目 VR 安全培训系统包括基坑坍塌、脚手架坍塌、高处坠落、卸料平台坍塌、坠物打击等虚拟体验项目。

（二）人脸识别技术

1. 门禁考勤管理系统

综合楼项目门禁考勤管理系统,将管理人员和作业人员身份信息实名录入电脑终端,云平台对数据进行分析、归类,并同步到管理者手机 APP 上。该系统具有进出场人员实时信息显示、人工语音提示、考勤记录等功能,避免劳资纠纷,保障工地人身财产安全。

2. 大型机械设备实名制管理系统

塔吊、人货电梯均属于大型机械设备,需要专业操作工持证上岗。建筑行业发生多起因无关人员违规擅自操作导致的安全事故。综合楼项目利用人脸识别技术,采集塔吊、人货电梯操作工的人脸信息,实行"刷脸开机"制,从源头上管控三级及以上风险,保证大型机械设备操作安全可靠,同时避免其他人员擅自操作机械设备的可能性。

3. 安全帽二维码技术

项目管理人员利用二维码技术,在安全帽上建码,通过分级分色和"扫一扫"功能,实现现场人员实名制全覆盖。建码是将人员图像信息、身份信息、三级教育考试成绩、健康状况和工种证件信息等录入二维码中,存储于云平台。分级分色是将重要人员、一般人员和管理人员的二维码用红、黄、蓝三种颜色区分管理。"扫一扫"使用手机扫描安全帽二维码,获取现场作业人员详细信息。

4. 远程视频监控系统

综合楼项目在 BIM 模式基础上,运用远程视频监控技术实现

24小时施工现场安全监控。管理人员在工地的重要通道重要风险作业面、重要场所(如工地出入口、办公生活区)安装12台定向监控摄像头,实现全面监控;在塔吊上安装2台临时无线传输球机摄像头,随塔吊升降动态监控楼层重点风险工作面。视频监控探头将采集到的数据同步上传到监控室和管理者手机上。管理人员通过终端查看监控画面,全天候掌握现场情况,掌控危险作业环境,有助于第一时间发出工作指令。系统云平台能存储现场安保情况和未遂安全事件信息,事后能读取原始资料,便于开展分析和评估。

图6　视频监控

5. 大型机械设备作业超限在线预警系统

大型机械设备作业超限在线预警系统利用移动终端APP实时接收机械设备作业运转状态。系统对作业超限情况能及时发出预警,及时控制机械设备停止作业,短信通知有关管理者,保障了大型机械设备作业的全过程安全。另外,移动终端APP让管理人员及时了解和掌握高风险作业的动态信息,辅助管理人员制定高效决策。该系统实现两个方面功能,一是从设备端采集传感数据,通过无线网络传输到云平台后进行大数据分析,再运用物联网技术实现设备自动启停;二是手机 APP 能实时接收系统运行状况信息,实时监测管控现场塔吊、人货电梯等设备运行。

6. 智能安全答题上网系统

综合楼项目开发应用智能安全答题上网系统,将安全题库融入云平台内,云端设置"上网时间段""题库随机出题""答对三道题,上网一小时"等功能,用户只有通过正确答题,才能获得一定时段的无线上网权限。该系统提高了工人学习安全知识的自觉性,激发了工人学习的积极性,丰富了工人业余生活。

二、智慧+安全管理

在智慧工地系统支持下,现代化的建筑工程安全管理模式逐步推行。在智慧工地管理中,可结合 BIM 技术对施工现场进行碰撞检测,对建筑中关键结构和机电管线部位进行建模分析,对管线交叉、碰撞情况形成直观的认识。在此基础上,根据工程实际情况合理预留孔洞尺寸,确定孔洞位置,实现对管线等的优化排布施工。利用大数据技术建设 5G 智慧信息岛,全面覆盖场内场外施工信息,及时发现可能出现的安全事故,并在各部门高效协同的管理模式下,及时处置应急突发事件,提高建筑施工安全性。建筑工程管理人员可构建 360°立体空间实时监控系统,借助相关智能设备如 AI 眼镜等,连接塔式起重机摄像头,为施工人员提供全方位的视野,全面监测现场施工情况。当发现异常时,可联系操作人员停止施工,借助联动控制系统调整相关设备的参数等。建筑工程管理人员可利用塔吊摄像头夜视功能,实现对现场情况的 24 小时无间断作业监管,显著提升工程安全效益。此外,也可加大对 VR 技术的应用力度,模拟现场施工情况,直观展示现场施工中可能出现的安全问题,在智慧工地系统多维安全监控功能的支持下,对建筑施工进行多元化联动监测,并通过智能识别,精准辨识危险源,构筑精细化的安全防线,确保建筑施工平稳、安全、有效开展。

三、智慧工地安全管理系统构建目标

建筑施工项目安全管理系统需要采用先进的软件系统和硬件设备,加强劳务人员管理,加强施工机械管理,优化安全制度体系,加强施工环境监控,全员参与安全管理。智慧工地安全管理系统依靠视频监控设备、各类传感器、监测模块,实现对人员、机械、环境等的实时监控,并对过程信息进行收集和整理。能够将施工过程中的各类信息实时地传递到智慧工地安全管理系统终端,为项目管理人员及时掌握了解现场情况提供有效支撑,保证及时消除存在的安全隐患。

同时,和工程项目相关的监督管理部门可以通过网络对接各工程项目系统,实现对项目的全方位监督,更好地对项目进行服务管理。

1. 施工现场,实时感知

构建起安全管理系统,实时收集现场数据,经系统数据中心处理后及时反映在系统中,让管理者一目了然。

2. 围绕业务,精细管理

在 BIM 技术的基础上融入安全管理专业知识,形成项目安全信息中心,给管理者提供信息基础,让安全管理精细化。

3. 智能决策,全面掌控

通过系统中收集、分析、显示出的数据,让管理者全面掌握现场施工情况,面对安全隐患及时做出决策,确保现场安全。

四、智慧工地安全管理系统设计

(一)整体设计

智慧工地安全管理系统架构分为区域智慧化监管平台、数据层、应用层、网络层、感知层五部分。

感知层及网络层:主要利用网络技术实现对现场各监控对象的监测,收集数据,将采集到的数据传输到服务器。

应用层:根据施工现场对人员、机械、环境、制度等管理需要,采用先进技术,设置应用程序,完成对施工过程中数据的收集,实时将现场的信息记录下来,动态保存大量数据。

数据层:可以实现对大量数据的存储,并能有效过滤无效数据,对有效数据进行统计、分析,并实现数据共享,根据现场管理的需要,及时调出数据。

监管平台:是一个综合的指挥中心,用于监督项目现场。经过大量的数据计算,可以实时提供在建工程的安全动态信息,帮助管理者实现对现场安全生产的有效监督管理。

(二)技术路线

技术核心是利用网络、软件、硬件设备形成应用工具的集成,完成信息数据的采集,对数据进行高效正确的分析,并对下一步施工作业进行智能预测,为管理者提供作业方案,在作业前分析总结出可能出现的安全管理问题,根据中心数据,提出相应的保证措施,更好地使项目安全管理工作正常开展。

建筑施工项目智慧工地安全管理系统交互采用基于 B/S 架构的设计实现零客户端用户,最大程度上消除安装升级对用户的影响。同时系统设计兼容了移动互联网的需求,部分功能实现在智能手机等手持智能设备上的使用。智慧工地安全管理系统采用基于服务总线技术,提供系统一致性、安全性、可靠性和可扩展性的保证。利用 Web Service 技术实现与项目其他产品的数据规范交换。

(三)系统界面

在用户使用界面的设计过程中,要注重操作的方便性,更加简单、美观,能够形成一定程度的灵活性。在界面设计过程中,需要选择更为成熟的界面风格,采用开发工具来实现界面的构造。

五、智慧工地安全管理系统功能模块分析

(一)劳务人员管理模块

1. 作业人员实名制登记

工人进场,组织入场教育后,持身份证以及劳务合同办理登记。同时将智能安全帽的编号与劳务工人绑定,实现人帽关联。登记人员信息通过"速登宝"自动生成电子版身份证,便于劳务人员身份证信息后续应用,登记一人仅需 15 秒,高效快捷,减轻了劳务管理员的工作量。在工人登记时,调用其他模块的工人历史从业经历和违规情况,帮助项目在"选人"阶段真正找到合格的工

人,当"速登宝"识别出工人存在身份证伪造、身份证过期、超龄、童工、不良从业记录等相关行为时,会在对应劳务人员登记过程中及时提醒,做到从劳务选聘源头上规避可能出现的用工风险。

2. 智能安全教育及安全技术交底

通过有效的安全教育培训可以使每个现场施工人员都能认识到安全的重要性并掌握安全施工技能。系统可以在网页端添加培训记录,也可以通过手机扫码添加参加安全培训教育人员信息,同时可以在网页端和手机端实时查看。参加过安全教育并考试合格的工人会在系统中保存信息,不合格的工人严禁进场。项目技术交底多为纸质资料下发后,进行现场讲解。但受限于劳务人员的接受能力,效果不佳。可以借助 BIM 可视化和手机端便携性的特点,对方案交底进行优化,将 BIM 模型和资料内置至手机中,让被动式技术交底变成通过新鲜事物的吸引和手机随时可查的便利性,让劳务人员主动学习技术交底,并且加深印象,提升技术交底水平。

3. 作业人员施工过程监控

施工过程中现场往往存在大量劳务人员,但是施工现场区域广、作业面大,在施工过程中很难有效地对劳务人员进行作业考勤,很难在第一时间了解现场的工人数量。为此,给劳务人员配备智能安全帽就可以很好地满足管理需求。劳务人员佩戴智能安全帽后他的信息便会显示在系统中,只要通过系统电脑端或手机端便可清晰地掌握施工现场人员情况,可以对工人实时考勤,掌握他们的实时位置、作业过程中的运动轨迹,能有效地收集他们的行为数据进行分析,给项目管理人员进行监管提供科学的依据。

(二)机械设备管理模块

1. 小型机械设备监控

机械设备安全管理采用"人防+技防"结合的方式,围绕进出场、安全档案、操作人员档案、定期检查、智慧物联等核心安全管控业务,实现实时数据统计分析及安全预警。机械设备进出场时,通过手机端记录基本信息、进出场时间、设备安全档案、操作人员档案等,自动生成机械设备台账,方便项目对此危害因素的把控,降低项目的安全风险。系统内置机械设备安全检查标准表,根据集团管控要求可进行调整,作为项目安全员定期检查的依据。安全员手机端按照标准检查表对机械设备进行检查,发现隐患时可直接拍照并发送给相关责任人,通知其及时消除隐患。系统可以对机械设备运行过程中违章情况、设备异常情况进行分析,通过云计算、大数据等先进技术分析机械操作违章情况,为后续机械设备管理提供方向,切实保障机械设备良好运转。

2. 大型机械设备监控

系统利用了日渐成熟的物联传感技术、无线通信技术、大数据云储存技术,可以实时掌握塔吊的各项安全指标,并在系统中形成有效的运行记录。通过各种传感设备的安装,管理人员可以在系统上及时掌握实时数据,包括司机是否在岗、塔吊一次的吊重、塔吊大臂和小车的运行情况、进行维修保养的人员情况,如有隐患能及时发现,有效消除隐患。塔吊吊钩安装摄像头可以很好地辅助操作人员进行操作,更好地掌握吊钩吊物的实际情况,提高调转效率,规避事故发生。

（三）安全制度管理模块

1. 安全规章制度系统化

安全规章制度等资料作为安全员工作内容的主要部分，占据着安全员，尤其是新入职安全员一大部分的工作精力，并且大部分资料存在多次填写的重复作业情况，系统可解决规范查阅、安全日志填写、各类安全报表填报、资料上传下达存档、影像资料收集等几个维度的安全资料管理。系统中提供了专业的安全生产规范。按照目录章节拆分规范，"强条"单独摘列，形成结构化数据，多维度检索。规范内容还可与隐患库进行关联，下发整改单时，选择完隐患明细，可查看相关规范中对此隐患的标准要求。报表管理的功能，可以对项目上用到的表样进行管理和个性化定制，例如《安全检查记录表》《罚款单》《安全分析报告》《安全检查评分表》等资料直接从系统打印，支持企业统一设定安全业务所需的单据、报表，各子企业及项目部在开展业务管理工作时自动执行统一的单据、报表格式，使集团的资料格式标准化工作快速落实到一线。系统自动将日常的工作情况进行记录分析，可将各种报表自动记录统计，形成系统中的报表电子档案，可随时打印查询。系统中支持一表多样化，一种表格可以支持多种样式要求，例如：整改通知单可以是项目、公司等不同要求的表格样式，在打印时选择不同层级要求的格式进行打印。

2. 危险源辨识清单库

安全管理系统内置危险源清单库，便于统一管理项目巡检的危险源清单，同时根据项目自身特点进行更新和维护。集团审核通过的新危险源可加入集团的危险源清单库中，供各公司和项目组查看使用。项目组可选择集团清单库中的危险源内容作为项目组清单台账,也可以根据项目自身特点在施工过程中识别出新的危险源,上报集团审核后添加到该项目的危险源台账中,同时根据对重大危险源的辨识及风险评价,建立重大危险源的台账,并可以导出电子文档格式,可打印,方便查阅。

3. 安全检查

传统的安全检查方式是利用纸质的检查表进行检查,不仅书写烦琐还容易丢失,不好保存。利用此系统不仅是安全员,其他管理人员也可以方便参与安全管理,随时随地开展安全检查,通过手机 APP 选择安全隐患整改单,点击整改责任人,简单填写隐患位置便可将整改单发送给整改责任人,当他收到整改单后系统会显示发送成功,并及时提醒他进行整改。系统还会同时发送给项目经理和直属领导,引起他们的重视,对整改过程进行有效监督。

(四)施工环境管理模块

1. 环境监测

管理人员可以通过移动设备实时掌握施工环境状况,系统会将收集到的数据转化为直观明了的图表或变化曲线。管理人员通过查看变化曲线可以对环境治理效果进行判断,或者根据趋势对未来情况进行预判。当现场的环境监测数据超过设定的阈值后,自动推送报警信息,辅助管理人员对恶劣天气(如大风)做出应急措施(如塔吊停止运行),避免安全事故发生。

2. 安全防护监测

在施工现场的危险地方,比如临边、洞口处,设置传感器、视频监控等设备,对安全防护设施进行实时监控,监控数据实时显示在系统中,并及时进行记录。当出现防护缺失或损坏时,系统会及时报警,发送消息通知责任人提醒其及时整改。当有人员靠近防护设施进行危险动作时,现场会发出警报,提醒其及时离开,有效的避免发生高处坠落事故。

第二节　智慧工地文明施工管理

一、现场文明施工的策划

1. 工程项目文明施工管理组织体系

(1)文明施工管理组织体系根据项目情况有所不同。以机电安装工程为主、土建为辅的工程项目,机电总承包单位作为现场文明施工管理的主要负责人;以土建施工为主、机电安装为辅的项目,土建施工总承包单位作为现场文明施工管理的主要负责人;机电安装工程各专业分包单位在总承包单位的总体部署下,负责分包工程的文明施工管理系统。

(2)施工总承包文明施工领导小组,在开工前参照项目经理部编制的"项目管理实施规划"或"施工组织设计",全面负责对施工现场的规划,制定各项文明施工管理制度,划分责任区,明确责任负责人。对现场文明施工管理具有落实、监督、检查、协调职责,并有处罚、奖励权。

2. 工程项目文明施工策划(管理)的主要内容

(1)现场管理。

(2)安全防护。

(3)临时用电安全。

（4）机械设备安全。

（5）消防、保卫管理。

（6）材料管理。

（7）环境保护管理。

（8）环境卫生管理。

（9）宣传教育。

3. 组织和制度管理

（1）施工现场应成立以项目经理为第一责任人的文明施工管理组织。分包单位应服从总包单位的文明施工管理组织的统一管理，并接受监督检查。

（2）各项施工现场管理制度应有文明施工的规定，包括个人岗位责任制、经济责任制、安全检查制度、持证上岗制度、奖惩制度、竞赛制度和各项专业管理制度等。

（3）加强和落实现场文明检查、考核及奖惩管理，以促进施工文明管理工作的提高。检查范围和内容应全面周到，包括生产区、生活区、场容场貌、环境文明及制度落实等内容，检查发现的问题应采取整改措施。

（4）施工组织设计（方案）中应明确对文明施工的管理规定，明确各阶段施工过程中现场文明施工所采取的各项措施。

（5）收集文明施工的资料，包括上级关于文明施工的标准、规定、法律法规等资料，并建立起相应保存的措施。建立施工现场相应的文明施工管理的资料系统，并整理归档。

1）文明施工自检资料。

2）文明施工教育、培训、考核计划的资料。

3）文明施工活动各项记录资料。

(6)加强文明施工的宣传和教育。

在坚持岗位练兵基础上,要采取派出去、请进来、短期培训、上技术课、登黑板报、广播、看录像、看电视等方法狠抓教育工作。要特别注意对临时工的岗前教育。专业管理人员应熟悉掌握文明施工的规定。

二、施工现场环境保护

施工现场环境保护是按照法律法规、各级主管部门和企业的要求,保护和改善作业现场的环境,控制现场的各种粉尘、废水、废气、固体废弃物、噪声、振动等对环境的污染和危害。环境保护也是文明施工的重要内容之一。

1.环境保护措施的主要内容

(1)现场环境保护措施的制定。

1)对确定的重要环境因素制定目标、指标及管理方案。

2)明确关键岗位人员和管理人员的职责。

3)建立施工现场对环境保护的管理制度。

4)对噪声、电焊弧光、无损检测等方面可能造成的污染进行防治和控制。

5)易燃易爆及其他化学危险品的管理。

6)对废弃物,特别是有毒有害及危险品包装品等固体或液体的管理和控制。

7)节能降耗管理。

8)应急准备和响应等方面的管理制度。

9)对工程分包方和相关方提出现场保护环境所需的控制措施和要求。

10)对物资供应方提出保护环境行为要求,必要时在采购合同中予以明确。

(2)现场环境保护措施的落实。

1)施工作业前,应对确定的与重要环境因素有关的作业环节,进行操作安全技术交底或指导,落实到作业活动中,并实施监控。

2)在施工和管理活动过程中,进行控制检查,并接受上级部门和当地政府或相关方的监督检查,发现问题立即整改。

3)进行必要的环境因素监测控制,如施工噪声、污水或废气的排放等,项目经理部自身无条件检测时,可委托当地环境管理部门进行检测。

4)施工现场、生活区和办公区配备的应急器材、设施应落实并完好,以备应急时使用。

5)加强施工人员的环境保护意识教育,组织必要的培训,使制定的环境保护措施得到落实。

2. 施工现场的噪声控制

噪声是影响与危害非常广泛的环境污染问题。噪声可以干扰人的睡眠与工作、影响人的心理状态与情绪、造成人的听力损失,甚至引起许多疾病,此外,噪声对人们的对话干扰也是相当大的。噪声控制技术可从声源、传播途径、接收者防护、严格控制人为噪声、控制强噪声作业的时间等方面来考虑。

(1)声源控制。从声源上降低噪声,这是防止噪声污染的最根本的措施。尽量采用低噪声设备和工艺,代替高噪声设备与加工工艺,如低噪声振捣器、风机、电动空压机、电锯等。在声源处安装消声器消声,即在通风机、鼓风机、压缩机、燃气机、内燃机及各类排气防空装置等进出风管的适当位置设置消声器。

（2）传播途径的控制。在传播途径上控制噪声方法主要有以下几种。

1）吸声。利用吸声材料（大多由多孔材料制成）或由吸声结构形成的共振结构（金属或木质薄板钻孔制成的空腔体）吸收声能，降低噪声。

2）隔声。应用隔声结构，阻碍噪声向空间传播，将接收者与噪声声源分隔。隔声结构包括隔声室、隔声罩、隔声屏障、隔声墙等。

3）消声。利用消声器阻止传播。允许气流通过的消声降噪是防治空气动力性噪声的主要装置，如对空气压缩机、内燃机产生的噪声进行消声等。

4）减振降噪。对来自振动引起的噪声，通过降低机械振动减小噪声，如将阻尼材料涂在振动源上，或改变振动源与其他刚性结构的连接方式等。

（3）接收者的防护。让处于噪声环境下的人员使用耳塞、耳罩等防护用品，减少相关人员在噪声环境中的暴露时间，以减轻噪声对人体的危害。

（4）严格控制人为噪声。进入施工现场不得高声喊叫、无故用打模板、乱吹哨，限制高音喇叭的使用，最大限度地减少噪声扰民。

（5）控制强噪声作业的时间。凡在人口稠密区进行强噪声作业时，须严格控制作业时间，一般 22 时到次日早 6 时之间停止强噪声作业。施工现场的强噪声设备宜设置在远离居民区的一侧。对因生产工艺要求或其他特殊需要，确需在 22 时至次日 6 时期间进行强噪声施工的，施工前建设单位和施工单位应到有关部门提出申请，经批准后方可进行夜间施工，并公告附近居民。

3. 施工现场空气污染的防治措施

施工现场宜采取措施硬化,北中主要道路、料场、生活办公区域必须进行硬化处理。土方应集中堆放。裸露的场地和集中堆放的土方应采取覆盖、固化或绿化等措施,施工现场垃圾渣土要及时清理出现场。高大建筑物清理施工垃圾时,要使用封闭式的容器或者采取其他措施;处理高空废弃物,严禁凌空随意抛洒。施工现场道路应指定专人定期洒水清扫,形成制度,防止道路扬尘。对于细颗粒散体材料(如水泥、粉煤灰、白灰等)的运输、储存要注意遮盖、密封,防止和减少飞扬。车辆开出工地要做到不带泥沙,基本做到不撒土、不扬尘,减少对周围环境的污染。除设有符合规定的装置外,禁止在施工现场焚烧油毡、橡胶、塑料、皮革、树叶、枯草、各种包装物等废弃物品,以及其他会产生有毒有害烟尘和恶臭气体的物质。机动车都要安装减少尾气排放的装置,确保符合国家标准。工地茶炉应尽量采用电热水器,若只能使用烧煤茶炉和锅炉时,应选用消烟除尘型茶炉和锅炉,大灶应选用消烟节能回风炉灶,使烟尘排放降至允许范围为止。大城市市区的建设工程不允许搅拌混凝土,在容许设置搅拌站的工地,应将搅拌站封闭严密,并在进料仓上方安装除尘装置,采用可靠措施控制工地粉尘污染。拆除旧建筑物时,应适当洒水,防止扬尘。

4. 建筑工地上常见的固体废物

(1)固体废物的概念。施工工地常见的固体废物如下。

1)建筑渣土。建筑渣土包括砖瓦、碎石、渣土、混凝土碎块、废钢铁、碎玻璃、废屑、废弃装饰材料等。废弃的散装建筑材料包括散装水泥、石灰等。

2)生活垃圾。生活垃圾包括炊厨废物、丢弃食品、废纸、生活用具、玻璃、陶瓷碎片、废电池、废旧日用品、废塑料制品、煤灰渣、粪便、废交通工具、设备、材料等的废弃包装材料。

（2）固体废物对环境的危害。固体废物对环境的危害是全方位的,主要表现在以下几个方面。

1）侵占土地。由于固体废物的堆放,可直接破坏土地和植被。

2）污染土壤。固体废物的堆放中,有害成分易污染土壤,并在土壤中发生积累,给作物生长带来危害。部分有害物质还能杀死土壤中的微生物,使土壤丧失腐解能力。

3）污染水体。固体废物遇水浸泡、溶解后,其有害成分随地表径流或土壤渗流,污染地下水和地表水;此外,固体废物还会随风进入水体中,进而造成污染。

4）污染大气。以细颗粒状存在的废渣垃圾和建筑材料在堆放和运输过程中,会随风扩散,使大气中悬浮的灰尘废弃物提高;此外,固体废物在焚烧等处理过程中,可能产生有害气体造成大气污染。

5）影响环境卫生。固体废物的大量堆放,会招致蚊蝇滋生,臭味四溢,严重影响工地以及周围环境卫生,对员工和工地附近居民的健康造成危害。

（3）固体废物的主要处理方法。

1）回收利用。回收利用是对固体废物进行资源化、减量化的重要手段之一。对建筑渣土可视其情况加以利用;废钢可按需要用做金属原材料;对废电池等废弃物应分散回收,集中处理。

2）减量化处理。减量化是对已经产生的固体废物进行分选、破碎、压实浓缩、脱水等,减少其最终处置量,降低处理成本,减少对环境的污染。在减量化处理的过程中,也包括和其他处理技术相关的工艺方法,如焚烧、热解、堆肥等。

3)焚烧技术。焚烧用于不适合再利用且不宜直接予以填埋处置的废物,尤其是对于受到病菌、病毒污染的物品,可以用焚烧进行无害化处理。焚烧处理应使用符合环境要求的处理装置,注意避免对大气的二次污染。

4)稳定和固化技术。利用水泥、沥青等胶结材料,将松散的废物包裹起来,减小废物的毒性和可迁移性,故可减少污染。

5)填埋。填埋是固体废物处理的最终技术,经过无害化、减量化处理的废物残渣集中到填埋场进行处置。填埋场应利用天然或人工屏障,尽量使需处置的废物与周围的生态环境隔离,并注意废物的稳定性和长期安全性。

5. 防治水污染

(1)施工现场应设置排水沟及沉淀池,现场废水不得直接排入市政污水管网和河流。

(2)现场存放的油料、化学溶剂等应设有专门的库房,地面应进行防渗漏处理。

(3)食堂应设置隔油池,并应及时清理。

(4)厕所的化粪池应进行抗渗处理。

(5)食堂、盥洗室、淋洗室、淋浴间的下水管线应设置隔离网,并应与市政污水管线连接,保证排水通畅。

三、系统设计

(一)环境监测预警系统

环境监测预警系统以传感技术、计算机技术和数据库技术为核心,通过设备端传感器采集环境量化数据,结合无线传输、云平台和物联网技术,实现数据同步上传到手机 APP 端,同时将获得的大量环境监测信息和数据,以大屏幕现场展示,及时提示施工人员做好应对措施。综合楼项目环境监测预警系统共设置七个监测模块(噪声、温度、湿度、PM10、PM2.5、风速、风向),满足现场环境数据监测要求,能通过短信预警提醒现场管理人员采取应对措施,如停止在恶劣天气下施工作业、减少扬尘作业、调整高噪声施工时间段等,以减少或降低对周边环境污染。

(二)扬尘联动治理系统

扬尘联动治理系统,在应用终端设置 PM2.5 和 PM10 的上限预警值,通过设备端传感器采集环境量化数据,结合无线传输、云平台和物联网技术实现数据实时上传到手机 APP 端。当扬尘数据超过预警值时,系统自动启动架体喷淋、场地喷淋和移动喷雾炮喷雾洒水降尘,第一时间抑制施工扬尘污染。当扬尘数据低于预警值时,系统自动关停。扬尘联动治理系统在扬尘实时监测数据与喷雾炮、喷淋装置之间自动联动,能及时处理扬尘超限情况,提高降尘效率。

(三)红外传感车辆自动冲洗系统

在进场前道路设置冲洗平台的基础上,综合楼项目采用红外传感技术、自动研判技术、无线传输技术,建立车辆自动冲洗系统。当车辆通过红外感应探头时,系统自动启动冲洗设备,同时将车辆冲洗信息传输到综合数据软件平台。当车辆离开后,系统自动关闭冲洗设备。冲洗用水采取三级沉淀池过滤循环水,节约水资源,减少对周边环境污染。

第三节　智慧工地技术管理

建筑项目以 REVIT 软件制作全专业的建筑立体模型,在多技术的综合管理软件平台上,集成应用虚拟漫游、碰撞检查、净高检查、孔洞检查、云平台+大数据、VR 等信息化技术,开发应用施工图纸三维审查、施工方案虚拟排版等系统,实现智慧工地全过程技术管理。

一、施工图纸三维审查

综合楼项目应用 REVIT 软件分专业制作相应三维模型,整合形成全专业的三维模型。项目在建筑信息模型的基础上,运用虚拟漫游技术,对大型设备进场路线和楼层空间进行路线检查;运用碰撞检查技术,就专业本身和专业之间进行冲突检查;运用净高检查技术,就楼层管线集中区域立体布置的合理性进行空间检查;运用孔洞检查技术,就机电专业孔洞预留位置进行平面检查。综合楼项目漫游检查后,确定变压器、消防离心泵等最佳搬运路线,提出扩大个别门洞尺寸的建议。碰撞检查后,发现消防管道与强弱电桥架等存在碰撞问题。净高检查后,发现楼层走廊吊顶高度不满足使用功能。孔洞检查后发现图纸有未明确的预留孔洞,避免了后期二次开槽、破坏结构等情况发生。以上技术的整体运用,避免现场作业返工现象,经济效益明显。

二、施工方案虚拟排版

虚拟排版是在 BIM 模型的基础上结合 VR 技术在综合管理软件平台上,虚拟漫游脚手架搭设、内墙面装饰。综合楼项目应用虚拟排版技术,就脚手架搭设、内墙装饰施工方案进行作业前排版。综合楼项目合理布置纵横杆、剪刀撑、悬挑、安全通道、上人斜梯等,编码分析每一根钢管构件的承载力及连接方式,虚拟漫游核查脚手架总体布局。三维排版内墙装饰面施工方案,直观显现面砖墙面的排版布局,虚拟展示不同材质切换后的面层做法。通过三维可视化施工模拟和虚拟化漫游,作业人员虚拟查看方案是否可行,直观掌握施工工序、标准工艺和质量问题防治的关键点,提前感受到作业虚拟现场带来的视觉冲击,及时灵活调整装修方案。

第四节　智慧工地质量管理

一、智慧工地质量管理内容

建筑项目引进基于云技术和大数据的智检 APP 系统,用于快速、精确、高效地解决项目质量闭环管理问题,同时也具有安全、进度、物资等管理功能。智检 APP 系统围绕项目记录、分配、整改、复查的质量问题闭环管理,提供针对同一个问题处理的多方协作平台。总包单位作为检查人记录问题,分包单位及班组作为整改人对问题进行整改反馈,检查人对问题进行复查销项,同时生成数据统计和图表。在项目现场,管理人员可以快速定位问题所在图纸部位,并在图纸上准确标注和描述问题属性,第一时间将消息推送到整改人手机 APP 上,提高了检查效率,加快问题整改进度。智检 APP 系统还能导出数据图表进行统计分析,生成多种格式报告,指导下阶段现场质量管控重点,做到共性问题集中分析,利于方案解决。

二、施工质量管理

智慧工地系统在建筑施工工作中能够对所施工建设项目工程的质量进行详细的检测,管理人员可以通过在线勘察的方式,对所有的施工工作进行详细的质量勘察,对于复杂的工程建筑材料进行勘测误差较小,所得出的结论相较人工勘测而言具有更高的准确性。工程建设勘测的数据能够及时进行云端同步,会对施工建设项目工程质量的勘测数据进行在线保存,方便管理人员随时在线查看,为相关部门协调工作,有效解决建筑物在质量方面存在的问题打下坚实的基础。在使用智慧工地系统检测施工建设项目工程的质量时,当所检测的项目出现质量问题时智慧工地系统能够及时进行标注和提醒,方便管理人员对所标注提醒的区域再次进行质量检测,及时对标注的区域进行质量抢修,保证工程的顺利进行,提高工程建设的准确性和安全性,有效降低工程建设的失误率。

三、质量管理功能组成与应用流程

(一)功能组成

建筑项目管理过程中质量管理的核心是质量检查控制环节,质量管理分为事前、事中及事后质量管控,在每个关键施工环节质量管控采用 PDCA 原理进行不断改善优化。传统的质量管控重点在于事中和事后,质量问题整改措施滞后,相关资料主要以纸质档存储,信息数据繁杂丢失严重且不易查询追溯,应用平台进行质量管控重点在于事前和事中,质量管控全环节与 BIM 模型形成关联,事前可进行形象生动的可视化模拟以避免项目施工过程出现质量问题,事中质量管控根据现场质量问题形成质量问题终像信息,线上发起质量问题整改流程,信息数据沟通快速便捷且精准高效,在质量问题整改流程自动归档生成质量管控电子文档资料,作为后期项目开展的数据支撑和质量问题责任追溯,实现施工现场质量管控的可移动、多终端及远程管控化。平台质量管理功能分为事前、事中及事后管理三大板块进行设置,事前进行可视化交底、方案优化及施工模拟,事中基于自定义质量管理配置发起质量问题处理流程,现场质量问题编辑录入自动生成质量问题二维码进行管理,同时进行质量检查与反馈追踪,实时进行智能分析汇总,显示质量问题处理进度流程,事后为项目质量验收,质量整改相关资料编辑、查询、导入导出及质量问题责任追溯提供信息数据来源。

(二)应用流程

施工现场管理是质量管理的主要实施重点,在现场管理的应用中,BIM模型能够适应质量管理中过程控制和动态管理的特点,整体或局部分项的质量管控都可以反映在 BIM 模型之上,便于项目管理及技术人员直观了解和准确分析现场情况,做出科学决策。通过现场采集信息、信息录入 BIM 模型、质量追踪管理等有效辅助施工质量管理,提高管理效率,并通过采用 3D 技术交底、三维定位、质量监控、质量验收管理等实现事前、事中、事后的质量管控。使得方案审批、质量巡检、施工交底、工程检测、现场验收等由一个质量管理功能模块完成。如:桩基础验收时,可以直接在移动端填写验收信息,当桩基深度超过设定值便自动预警提醒,施工现场质量问题通过手机客户端即发起质量检查任务,平台自动分配至相关责任人员,各方可实时督查整改情况,做到管理留痕,随时随地远程管控项目。根据质量管理的流程配置发布质量检查任务,相关工作人员接收质量检查任务通知进行质量问题整改,质量检查任务复查合格形成质量检查记录,不合格则退回。

四、建筑施工安全质量管理的影响因素

(一)人员因素

建筑施工现场中最重要的行为主体就是负责各项智能的施工和管理人员,即便建筑施工已经实现机械化和自动化,但很多施工环节都需要施工和管理人员严格把控,施工和管理人员对建设项目最熟悉,并且会全过程参与整个项目。项目的施工过程本身具有较大的复杂性,人员配置也十分繁杂,人力资源需求在逐渐增加,如果施工方招聘不到合适的人员,那工作人员就有可能存在经验不足或专业能力不强的情况,整个施工队伍的专业水平就得不到有效保证。建筑施工单位会设定各种规章制度,开展各种培训,以此来约束施工和管理人员的行为,但工作人员很难时刻牢记要求和规则。

(二)设备因素

建筑施工规模庞大、技术复杂,必须依靠各种强大的机械设备来完成各项工作,这些机械设备普遍体型大、动力强,能够在短时间内完成高强度的工作任务。但在长期运行过程中,机械设备也会出现磕碰磨损情况,机械设备的损耗普遍比较明显,而如果没有得到及时的维护维修,就有可能造成安全质量事故,尤其是塔式起重机这种高空设备,出现问题不光会威胁操作员的生命安全,还会给地面设备和人员带来危险,工程进度也会因此而受到阻碍。此

外,机械设备体积比较大,面对复杂情况时,操作人员可能存在视野盲区或没有按规范操作,也会增加安全质量管理的风险系数。

(三)施工因素

施工环节十分重要,建设期间最怕缺工短料,如果施工工艺不过关或没有按照施工要求进行施工,那施工过程的科学性和规范性就无从谈起。当前我国建筑技术十分成熟且先进,大部分施工工艺都领先于全球,但国内施工企业水平还是有高有低,在部分施工工艺上也会存在认识和经验不足的问题。此外,物料也是重要的施工因素,建筑施工不能马虎,各种材料的材质必须达到国家标准和工程要求,不能无故减少材料数量,否则就会留下严重的安全质量隐患,很多隐患需要十年后才会显现,那么建筑使用者就无时无刻不在承受着隐患所带来的风险。

(四)环境因素

建筑施工会受到外界环境的影响,因为在长期室外施工条件下,室外的温度和天气变化会直接干扰到项目施工,例如雨雪冰雹等极端天气条件下,肯定要暂停施工,并且要对施工现场和相关的机械设备做好保护。在炎热的夏天、寒冷的冬天不仅会对机械设备和施工工艺造成影响,还会极大程度影响工作人员的状态,因为在极热和极寒条件下,人的注意力都很难集中,这也会带来潜在的风险,尤其是当工作人员在完成较高难度的施工任务时,需要注意力高度集中,时时刻刻都马虎不得。

五、基于智慧工地的信息化安全质量管理系统研究

(一)工作人员信息化管理系统

施工人员管理在智慧工地安全质量管理中十分重要,主要是管理施工人员的进出、工作、培训、资质等内容,确保进入施工现场的都是工作人员,在特种作业区域工作的人员都是专业人员。生物识别技术在人员信息化管理当中应用广泛,有指纹识别、人脸识别等多种形式,都是利用工作人员的生物学特征作为识别依据,有效堵住了以往依靠证件识别而出现冒名顶替的问题。针对工作人员的信息化管理,首先需要采集施工人员的身份信息和生物学信息,将其统一录入到信息管理平台当中,形成施工人员的个人 ID 和档案,档案内容包括施工人员的学历、资质、工作等各项真实信息。此外,对施工人员的培训、资质评定、安全教育也十分重要,信息化管理系统可以实现安全教育全过程记录,相关结果也会呈现在系统当中。建筑施工往往规模较大,工作人员数量众多,人员管理是十分重要的管理问题,如果施工现场的工作人员出现问题,那带来的安全和质量风险不可估量,在信息化管理系统中也可以扩展心理和身体健康监测功能,利用可穿戴式设备实时监测工作场景下工作人员的身体状态,当工作人员身体指标出现异常时,信息管理系统可以自动报警,从而避免工作人员因身体状况而出现意外。

(二)机械设备信息化管理系统

机械设备为施工项目的正常开展提供了保障,也影响着施工的安全和质量,经过多年的发展,我国机械设备制造领域已经十分

强大,众多设备制造商也与时俱进,充分融合互联网精神,通过不断改进迭代推出了更加智能化的专业设备,这也为机械设备的信息化管理奠定了基础,而面对数量众多的机械设备,施工方即便付出较多的管理成本,所能取得的管理效果也不一定会提升多少。针对机械设备的信息化管理,首先要录入机械设备的基本信息,包括型号、重量、性能等等,还要记录机械设备的维护信息,包括维修时间、维修次数、维修部位等等,最为重要的是通过安装在机械设备上的传感器,实时监控设备的运行状况,当发现问题时进行自动报警,机械设备管理人员再根据报警信息进行进一步处理,从而确保机械设备的正常运行。如今的传感器设备能够适应各种复杂情况,并且体积相对较小,能够针对机械设备的关键部位进行检测,并且还有内部和外部监控设备监测工作人员对机械设备的操作情况,这样有助于提升机械施工的效率,减少机械施工过程中的违规操作和安全隐患,使机械设备能够得到及时的维护保养,降低因机械设备而影响施工安全和质量的概率。

(三)安全质量信息化预警系统

建筑施工过程中,除了资金、成本、人员控制外,安全管理和质量控制是最重要的内容,因为两者都事关生命财产安全,一旦出现问题就会造成难以挽回的损失。所以在建筑施工场地,各处的标语中都会强调安全和质量,保证质量是对工作负责,保证安全则是对自己负责,但安全质量管理也具有一定的难度,在巨大建设规模的背景下,细化管理会到达一定的瓶颈,而智能化的安全质量信息化预警系统则可以排除传统管理模式中的弊端,以更为高效快捷的方式来进行安全和质量管理。具体的监测内容主要包括作业环境、作业程序、安全防护、作业项目等,并设定一定的风险等级和报警阈值,当达到所设定的阈值时,信息系统就要立刻发出报警信号,及时向工作人员作出预警,工作人员会针对特定问题进行调查整改。搭建预警系统主要依靠传感器、摄像头、即时通信设备、RFID 设备,并且要依靠大数据分析算法和人工监测相结合,来实现全方位的监控预警。这样当建筑施工出现问题时,工作人员能第一时间发现,并将情况反映给一线工作人员,使其作出正确的处置,从而尽可能避免各种各样的安全质量问题。

(四)施工过程信息化管理系统

建筑施工是一个漫长的过程,全体施工或管理人员很难在每个阶段都保持良好的工作状态,仅凭人力进行监管工作也比较繁重,但利用各种信息化技术则可以有效对施工过程进行记录和监管,从而提升监管效率,减轻工程管理人员的工作负担。施工过程的信息化监控同样要用到各种各样的电子设备,但传感器设备主要是监测各种各样的数据,可视化效果不强,视频监控则可以提供完整可靠的画面,实现对施工过程的全面记录,能够对施工过程、作业规范、安全防护等内容进行有效监控,再搭配由图像算法所支撑的图像识别技术,就能够精准识别安全质量方面的问题,从而及时预警工作人员进行处理。BIM 技术在建筑施工当中已经广泛应用,其在物料管理、动态还原现场、施工方案调整和工艺控制方面发挥了重要作用,通过 BIM 技术和现有信息化管理系统的结合,可以使施工过程更加安全透明,质量管理更加真实有效,从而达到最好的管理效果。在应对危险作业情况或紧急情况时,实时的过程监控能够更好地发现和排除各种干扰因素,并及时做出科学合理的决策,从而使施工过程的安全风险降到最低,质量水平达到最高。

(五)工程物料信息化管理系统

物料管理也是建筑施工的重要内容,只有确保到场物料质量合格、数量充足,才能支持建筑施工工作的正常开展,通过科学合理的存储和严密看管,才能保证物料安全,避免物料在质量和数量上出现问题。建筑工程所需的物料数量巨大,并且物料的体积、重量大小不一,虽然普遍对存储环境要求不高,但也是一项繁杂的工作,通过信息化管理系统,可以对物料进行编码,获取物料的全部信息和数据,对物料的使用进行全过程的记录,从而准确地了解物料的出入库情况,并及时根据施工进度采购所需物料。这样工程物料的管理工作更有效率,物料的使用也更有保障。

(六)施工环境的信息化管理系统

施工环境是施工安全和施工质量的体现,良好的施工环境在一定程度上说明管理人员对施工现场的管理比较到位,而较差的施工环境除了有碍观瞻之外,还有可能存在巨大的安全隐患,比如安全护栏和安全网出现严重破损、各类物料随意摆放、缺少必要施工标识等等,这些问题很容易成为安全问题的诱因。此外,危险作业区域也应该重点管理,而且施工现场经常会使用水电火气,如果没有遵守使用规范,就会为施工环境增加安全不确定因素,从而造成安全问题。针对施工环境的管理工作建设信息化的管理系统,可以更加直观地发现施工现场当中的问题,并可以参考其他优秀的施工现场管理准则或视频案例,从而可以进一步优化施工环境,减少施工环境中的风险因素。另外,像天气、温度等时刻变化的环境因素,信息化管理系统也可以提供预报和监测功能,从而及时做好应对措施,避免因恶劣天气和极端温度而导致安全事故。

第四章　智慧工地管理系统集成与运行维护

第一节　智慧工地典型系统介绍

一、视频监控系统

建立视频监控系统管理建筑工地,旨在通过工地现场的互联网或微波传输技术和先进的计算机技术,加强建筑工地施工现场安全防护管理,实时监测施工现场安全生产措施的落实情况,对施工操作工作面上的各安全要素,如塔吊、井字架、施工电梯、中小型施工机械、安全网、外脚手架、临时用电线路架设、基坑防护、边坡支护以及施工人员安全帽佩戴(识别率达90%以上)等实施有效监控,可以直接在监控中心显示屏上看到各施工地点的现场情景图像,也可以通过监控中心的监控电脑向前端摄像机、高速球发出控制指令,调整摄像机镜头焦距或控制云台进行局部细节观察,对施工现场进行远程实时抽检监控。在监督施工现场是否规范施工的同时,及时消除施工安全隐患,保证建筑材料及设备的安全。视频监控功能模块的内容应包括视频数据采集、视频数据查看、视频监测控制、视频数据存储、视频报警检索联动、多监控中心。

(1)前端——IP 摄像机:用于拍摄建筑工地的情况,常安装在塔吊、工地大门、建筑器材堆放处等。

（2）中端——无线传输设备：用于监控视频影像的发送和接收。

（3）后端——监控显示器+网络硬盘录像机（NVR）：用于显示和存储监控视频影像。后端可分临时监控室和总部监控中心。通过互联网将临时监控室和总部监控中心连接，总部监控中心也能观看建筑工地的监控影像。

二、环境监测系统

扬尘和噪声是造成环境污染的重要因素，建立针对建筑工地、运渣车等环境监测系统提升环保治理的管理效率和效果，对于我国大中城市有效地控制扬尘污染、提高空气质量具有非常现实和重大的意义。施工现场常常因为噪声过大等原因被迫停工，或者拖延工期，使用环境监测仪器可以避免这一情况。环境监测功能模块内容宜包括工地扬尘监测、工地环境噪声监测、小气候气象监测、建筑垃圾管理。

三、施工机械设备监管系统

施工机械设备监管，是对施工机具的购置、配备、验收、安装调试、使用维护等管理过程进行控制，消除或降低职业健康安全风险，降低场界噪声、减少环境污染，保证施工机具满足施工生产能力的要求。设备监管功能模块内容包括机械设备信息管理、塔式起重机监控、施工升降机监控等。

（一）机械设备信息管理

机械设备信息管理系统旨在对施工现场的所有机械设备进行全面的信息管理，包括设备的采购、入库、使用、维修、报废等各个环节。通过机械设备信息管理,工地管理人员可以实时掌握每台设备的运行状态、使用情况和维护记录,从而确保设备的正常运转和施工安全。此外,系统还可以对设备的利用率和维修成本进行分析,帮助管理者优化设备配置和维护计划,降低施工成本。该监管系统采用先进的信息技术,实现了机械设备信息的数字化、网络化和智能化管理。管理人员可以随时随地通过手机或电脑访问系统,轻松获取所需的设备信息,大大提高了管理效率和便捷性。

(二)塔式起重机监控系统

塔式起重机(简称塔机)属于一种非连续性起重运输机械,是一种起重臂(或称吊臂、塔臂)装设于高处的全回转起重机械。塔机的优点是能将构件或材料准确吊运到建筑楼层的任意位置,在吊运方式和吊运速度方面胜过任何其他起重机械。因此,它对减轻劳动强度、节省人力、降低建设成本、提高施工质量、实现工程施工机械化起着重要作用。当今,建筑施工现场经常是楼群建设,塔机的布设越来越密集,施工环境复杂,多塔机经常同时进行交叉作业,所以塔机也是一种蕴含危险因素较多、事故发生概率较大的机械设备。由于塔机工作于多样的环境中,应用于各种场合,使用范围广,并且具有自身结构较高的特点,一旦出现塔机安全事故,将严重危害人身及财产安全。由于塔机经常发生安全事故,塔机运行的安全问题备受人们关注。发生塔机事故的原因可以总结为以下几个方面:

(1)塔机发生安全事故主要由于塔机起重量大于自身额定值,塔机长期超负荷运行,使塔机倾斜倒塌。工地施工管理人员为了尽快完成工程进度,经常超负荷使用塔机。部分塔机没有安装监测系统,不能实时监控塔机运行的数据,操作人员不能得到准确的起重量数据,只是根据经验对塔机吊起的物料进行估计,可能导致估计值和实际值偏差比较大,这样就会使塔机本身损坏,导致塔机倾倒、折断,发生比较严重的塔机安全事故。

(2)塔机操作人员违规操作塔机。塔机操作人员未按照规定操作塔机,使塔机超负荷运行,小车运行速度过快,安装与拆卸不合理等。

(3)塔机本身质量以及长时间得不到维护问题。

(4)塔机工作于恶劣的环境中,比如强风、大雨等极端天气,影响塔机安全。

(5)塔机经常工作于各种不同的环境中,运行过程中存在多种危险因素,比如与周围建筑物、塔机群中的其他塔机或其他障碍物碰撞等。由以上塔机运行中出现事故的原因可以总结得知,塔机安装安全监控系统尤为重要,可以起到防范塔机出现事故的作用。在塔机监控系统中需要采集的数据有起重量、工作幅度、回转角度、起升高度。塔机运行状态的传感设备包括重量传感器、倾角传感器、回转传感器、幅度传感器、高度传感器、风速传感器等;塔机控制功能包括额定力矩控制、最大额定起重量控制、幅度前后预减速及限位控制、高度上下预减速及限位控制、回转左右预减速及限位控制、位移前后预减速及限位控制。塔机运行状态数据包括当前运行时间、起重量、起重力矩、起重高度、幅度、回转角度、倍率、运行行程、风速、倾角等信息。塔机应对操作员实行分级管理制度,并用密码保护分级权限。建筑塔机远程监测系统主要由三大部分组成。服务端包括数据库、管理平台;无线通信终端采用3G/4G/5G工业路由器来实现数据联网;前端部分主要由摄像头、各种监控传感器组成。中心平台主要由数据服务器、应用服务器和监控大屏组成,主要实现数据的存储、计算、分析与监控等功能,及时对前端返回的数据进行处理,及时发现各种安全隐患,并发布预警信息,甚至做急停处理。前端采集与监控主要由摄像头、集各种监测与控制于一体的采集模块组成。摄像头做视频监控,防止恶意操作、误操作等各种情况发生;传感器监测塔机的起吊重量、电机温度、起吊高度等多种参数,及时掌握塔机的运行状态,发现各种安全隐患。

(二)施工升降机监控系统

施工升降机又称施工电梯,是城市高层和超高层建筑中重要的载人载物运输装备。它在垂直方向上移动,架设范围可达 250 m。由于安全管理能力弱、工作环境恶劣、自动化程度不高,施工升降机故障率较高。施工升降机一旦发生坠机其后果往往极为严重,属于"危害性较大的分部分项工程"类机械。施工开始及结束之时,施工人员往往争先恐后进入电梯,人员密度过高容易引起超载行为,若安装方未按规程正确安装电梯,高密度的人员也容易引起升降机失衡,造成吊笼脱轨。由于现在的施工升降机必须要求司机有证驾驶,有的企业会考虑到成本,雇佣经过短期培训的无证司机驾驶升降机,这就存在更大的安全隐患。按传动形式划分,施工升降机可分为齿轮齿条式(SC)、钢丝绳式(SS)、混合式(SH)三种。钢丝绳式施工升降机又分卷扬机驱动与曳引驱动两类。其中齿轮齿条式施工升降机可靠性好,安全性高,可用于载人载货。

施工升降机主要由导轨架、驱动体、驱动单元、电气系统、防坠安全器、限位装置、电气控制部分、吊笼、底架护栏、电缆卷筒、电缆导架、附着装置、电缆臂架、电动起重机、滑车系统等构成。护栏由地盘、吊笼缓冲装置、防护围栏等构成。地盘用来固定标准节,结构设计合理的地盘的受力情况会比较好;防护围栏由各扇护网拼接到一起,并与地盘相连接,护栏门通过绳轮悬挂配重铁块的形式工作。导轨架用来实现吊笼上下运行,由标准节通过高强度的螺栓连接在一起构成。标准节一般由4根立柱管角钢框架以及轨道焊接形成的,其上面装有一根或者两根齿条。导轨架通过附着在墙体上的连接架与墙体连接到一起,以此来保证整体结构的稳定性。附着装置用来实现导轨架与楼房等建筑物之间的连接,用于保持施工升降机的导轨架的整体结构稳定。吊笼是钢结构的构件,采用焊接方式构成。吊笼侧面的上部由铝板网组成,下部铺设用于装饰的铝板,这种设计便于采光和减少风的阻力。吊笼一般分为单开门或者双开门,同时还有用于防止吊笼脱离导轨架的安全装置。吊笼的顶端用来安装拆卸标准节,其上部有翻板门以及安全护栏,内部还有扶梯。吊笼笼顶安装有传动机构,这种安装方式能够减少笼内噪声。传动机构主要由电机、驱动齿轮、背轮、联轴器、蜗轮蜗杆减速器等组成。全部的驱动机构安装在吊笼的顶部,其与吊笼或者驱动架之间设有弹性连接块,用来保证吊笼制动过程平稳,电机驱动齿轮与导轨架齿条啮合到一起,实现吊笼的上下移动。

防坠安全器又称安全器或限速器,由齿轮轴、外壳、制动锥鼓、拉力弹簧、离心块、离心块座、蝶形弹簧、铜螺母、机电联锁开关等组成。当吊笼在安全器设定的动作速度内运行时,防坠器内部的离心块在拉力弹簧的作用力下,与离心块贴在一起。当吊笼运行的最大速度超过设定的安全速度时,由于离心力大,离心块克服弹簧拉力作用,此时的离心块向外被甩出去,离心块的尖端与制动锥鼓相顶并且连接为一个整体并带动制动锥鼓开始旋转,铜螺母做轴向运动压紧蝶形弹簧,蝶形弹簧反向带动制动锥鼓,制动锥鼓与外锥鼓接触,摩擦制动力矩加大;铜螺母旋进的同时,带动联锁开关使得电机停电,实现安全制动,达到保证乘坐人员和设备安全的目的。电缆导向装置由电缆卷筒、电缆导架、电缆臂架等构成,电缆导向装置起到保护电缆臂和随着升降机运行的作用。电缆臂架在安装的过程中应该与电缆臂对正,以保证电缆通过,当吊笼提升高度很大时,需要在电缆导向装置上安装滑轮。升降机的电气系统主要由电力驱动系统、电气控制系统和电气安全保护系统组成。电力驱动系统由曳引电动机、电动机调速装置(变频器)等部分组成。电气控制系统主要由接触器、继电器、电机等构成,电梯的启动停止等动作都由该控制系统保证,现有的施工升降机的控制系统主要采用继电器的方式实现对升降机的控制。电气安全保护系统主要包括上下限位装置、上下极限限位开关门限位开关等。

1. 上下限位装置主要包括上下限位开关

上下限位开关采用自复位的方式,当上限位动作后升降机的吊笼只能向下移动;当下限位动作后升降机的吊笼只能向上移动,两者起到了保护升降机轿厢的目的。

2. 上下极限限位开关

上下极限限位开关的作用是当上下限位开关发生故障后,电梯继续移动而碰到上下极限限位开关后,电梯停止运行,进一步起到保护电梯轿厢的作用。施工升降机正常运行时应经常检查各开关之间的位置是否准确,保证各限位开关动作到位。

3. 门限位开关

门限位开关用来保证升降机吊笼的门在打开的状态下吊笼不能运行。它主要包括吊笼门限位开关、吊笼的顶部翻门限位开关、升降机吊笼底部翻门限位开关。任何升降机的门限位开关动作都能够切断主控制电源,使升降机吊笼停止。升降机采集运行状态的传感器包括重量传感器、高度传感器、风速传感器等。升降机运行状态数据包括当前运行时间、起重量、当前楼层、倾角、高度、速度等信息。升降机应对操作员实行分级管理制度,并用密码保护分级权限。施工升降机安全管理系统主要有以下功能:

(1)人数统计

RFID 技术是一种非接触的自动识别技术,包含电子标签和读卡器两部分。按规定,从业人员在作业过程中,应正确佩戴和使用劳动防护用品。绝大多数施工现场对安全帽管理都比较规范,因此将 RFID 电子标签粘贴在安全帽上,安装方便快捷,不影响工作,不容易丢失、遗漏。使用超高频远距离读取数据时,读卡器安装在吊笼顶部,安装调整方便快捷。吊笼四周为金属材质,可以屏蔽外界干扰信号,保证人数统计准确无误。当前人数会显示在触摸屏上,当出现超员时,将会给出语音报警,并切断升降机的启动电源。

(2)重量检测

系统采用传统的加装销轴式重量传感器的方式进行重量检测。当前重量会显示在触摸屏上,当出现超载时,会给出语音报警,并切断升降机的启动电源。

(3)司机识别

司机识别功能主要是为了杜绝无证驾驶现象,司机识别主要分为司机卡识别、人脸识别、指纹识别等方式。司机非法操作时无法启动升降机。

(4)人机交互

人机交互采用寸触摸屏,显示内容丰富,最大程度满足用户的使用要求。触摸屏能够实时展示的内容包括当前载重、当前人数、网络连接状态、当前司机信息、当前楼层、蓄电池电量、升降机当前开关门及上升下降状态、升降机是否被控制状态以及各种配置参数。

（5）检测控制

检测和控制的接线原则是尽量不破坏其原有控制电路。系统能在不改动原有电路的情况下完成施工升降机的内、外门开、闭状态的检测以及升降机上升、下降、停止的检测。控制功能在必要时切断升降机的启动电源。

（6）语音报警

当出现提示信息或者报警的情况时，比如当前已经超载或超员，系统可直接使用语音的方式播报。

（7）楼层呼叫

系统采用315M无线通信模块，各楼层安装地址编码不同的楼层呼叫器，呼叫器能够根据编码发送地址，主机接收到信号后进行解码，根据解得的地址码的不同，确定当前呼叫的楼层。

（8）图像抓拍

升降机启动运行时，摄像机自动拍照，司机也可手动拍照。照片实时上传到平台，系统记录未戴安全帽、超员等违章行为，能为突发事故保留现场证据。

（9）远程监控

监控终端获得的各种实时数据以及摄像机拍摄的图片都会通过 GPRS 网络发送给远端的服务器，监管人员通过客户端连接服务器可获取各种监控信息。

四、人员信息管理系统

智慧工地人员信息管理系统一般具备门禁功能、指纹及人脸识别对比功能、RFID 识别功能，采用实名制管理，对工人出入工地的信息采集、数据统计及信息查询等进行有效分析，便于施工方对班组进行日常管理。人员信息管理功能模块内容应包括人员信息采集、人员岗位职责管理、人员职业管理、门禁考勤管理、人员定位跟踪、人员薪酬管理、人员诚信度管理。人员信息以居民二代身份证实名制为基础信息,自动识别方式可包括生物特征识别、射频卡识别、条码识别、二维码识别等方式;生物特征识别可包括人脸识别、指纹识别、虹膜识别等方式。建设工地主要分为生产区、办公区、生活区,考勤设备只对生产区出入口进行覆盖,不涉及办公区和生活区。人员信息管理系统的功能如下:

1. 人员进出管控

人员通道闸机通行支持 IC 卡、身份证、二维码、人脸识别、指纹识别、指静脉识别等多种认证方式,同时支持以上认证方式的组合认证配置。对于认证通过的人员予以放行,将无权限人员拒之门外,未授权人员强行闯入时会发出声光报警,实现对人员进出的有效管控。

2. 人员考勤管理

对于集中考勤的情形,人员通道闸机读卡器自带考勤功能,员工刷卡通过人员通道的同时,自动在读卡器上完成考勤任务。对于分散考勤的情形,在考勤室配置门禁考勤一体机,支持刷卡、指纹、刷卡+指纹、刷卡+密码、指纹+密码、刷卡+指纹+密码、开门按钮等多种认证方式,完成门禁控制及考勤动作。系统可灵活设置考勤规则,生成和导出报表,便于考勤管理。

3. 人员抓拍识别

人员通道闸机可配置高清摄像机。人员刷卡动作可联动摄像机抓拍,对进出人员进行图像抓拍并存档记录,便于后期事件追溯,并将卡号、工种显示在图像上,便于检索。

4. 紧急逃生功能

人员通道具备紧急逃生功能,发生紧急情况时,人员通道具有自动打开放行功能,不会阻碍人员的紧急疏散。

5. 快速通行功能

下班高峰期,为了保证人员快速通过,避免滞留事件。人员通道可保持常开,员工刷卡作为考勤记录,如果不刷卡通过则声光报警提示。

五、基于 BIM 的质量安全管理系统

工程建设项目施工的质量安全管理是一项系统工程,涉及面广而且复杂,其影响质量的因素很多,比如设计、材料、机械、地形、地质、水文、工艺、工序、技术、管理等,直接影响着建设项目的施工质量,容易产生质量安全问题,因此,建设项目施工的质量安全管理就显得十分重要。建设项目的现场施工管理是形成建设项目实体的过程,也是决定最终产品质量的关键。因此,现场施工管理中的质量安全管理,是工程项目全过程质量安全管理的重要环节,工程质量在很大程度上取决于施工阶段的质量管理。切实抓好施工现场质量管理是实现施工企业创建优良工程的关键,有利于促进工程质量的提高,降低工程建设成本,杜绝工程质量事故的发生,保障施工管理目标的实现。传统的质量管理主要依靠制度的建设、管理人员对施工图纸的熟悉及依靠经验判断施工手段合理性来实现,这对于质量管控要点的传递、现场实体检查等方面都具有一定的局限性。采用 BIM 技术可以在技术交底、现场实体检查、现场资料填写、样板引路方面进行应用,帮助提高质量管理方面的效率和有效性。基于 BIM 技术,对施工现场重要生产要素的状态

进行绘制和控制,有助于实现危险源的辨识和动态管理,有助于加强安全策划工作,使施工过程中的不安全行为、不安全状态得到减少和消除,做到不发生事故,尤其是避免人身伤亡事故,确保工程项目的效益目标得以实现。

(一)基于 BIM 的质量管理

工程质量问题受到人们的关注,影响着项目使用者的人身财产安全。在整个施工过程中,对工程质量产生影响的因素很多,下面从人员、材料、设计、管理等方面进行介绍。

第一,人员不仅是工程施工操作者以及生产经营活动的主体,同时也是工程项目的管理者和决策者。任何一个人只要参加了工程建设工作,那么其一切行为都必将对工程的质量产生直接或者间接的影响。目前,有些施工队伍整体的综合素质不高,工程的施工质量就不能得到有效保障,可能导致最终的建设效果也会与预期规划设计的效果产生较大的差距。

第二,工程施工质量管理中存在施工材料问题。施工材料是保证施工质量的基础,只有质量合格的材料才能够建造出满足质量标准规范的工程。碎石、钢筋、水泥、块石等所有进入施工场地的建筑材料都必须进行抽样检查,对其是否符合施工设计要求进行鉴定,只有符合设计要求的材料才能在工程施工建造中使用。随着建筑业的快速发展,建筑材料的价格也在以较快的增长速度节节攀升,一些施工单位为了获得较高的利润,就在施工过程中采取降低工程施工成本的方法,选择价格较低的劣质材料,这些材料若不满足建筑质量规范标准,就会给工程施工质量带来不利影响。一些施工单位为了减少施工步骤,钢筋、水泥、碎石等建筑材料没有经过抽样检查就进入施工场地,如果这些材料与施工设计的要求不符,那么就会对工程的质量造成极大的影响。

第三,工程施工质量管理中存在规划设计能力低的问题。工程的建设论证和设计规划是工程整体规划管理中的两个重要组成部分,其中还存在着一些与工程质量管理有关的影响因素,这主要涉及工程的规划能力。规划设计中存在的施工质量问题主要可以从两方面来进行分析,一方面,在工程进行建设论证之前对工程功能开发过程中加入了较强的主观意识,具有很大的盲目性和随意性,缺乏一个较为全面的规划,并且在专业论证管理方面也没能够同时兼顾工程建设的经济效益和社会效益,使工程的价值大打折扣;另一方面,工程在进行方案的设计时,没有对工程的具体细节部分进行全面的论证和设计,这就使设计技术的含量不高,使工程规划设计和实际的施工不能有效地衔接起来,工程的功能效果也就得不到体现。

第四,施工质量管理意识较为落后。很多建筑施工企业现场施工的管理人员对施工质量控制并没有给予高度重视,而更多注重的是施工进度控制,希望可以用较短的时间完成当前工程项目建设,从而尽快投入到下一个建筑工程项目建设中去,使建筑施工质量控制的重要性被弱化。施工管理人员没有随着建筑领域发展对自身的管理理念进行转变,没有注重施工质量管理体制的创新。新型施工材料和施工技术应用可以提升工程项目建设施工速率,保证工程项目建设施工质量,但是很多施工管理人员认为新型施工材料和施工技术应用会加强工程项目建设的成本投入,会缩减建筑企业工程项目建设获得的经济效益,对新型施工技术和施工材料应用存在一定抵触心理。因施工技术没有创新突破,施工企业施工水平得不到提升,对建筑施工质量控制造成了不良影响。随着科学技术的进步,BIM技术在工程质量管理中的应用可以对现存的某些问题进行针对性解决,达到提高工程质量管理效率的目的。运用 BIM 技术,通过施工流程模拟、信息量统计给项目管理提供重要的技术支持,使"每个阶段要做什么、工程量是多少、下一步做什么、每一阶段的工作顺序是什么"都变得显而易见,使管理内容变得"可视化",增强管理者对工程内容和质量掌控的能力。BIM 技术的质量管理既体现在对建筑产品本身的物料质量管理,又包括了对工作流程中技术质量的管理。

1. 物料质量管理

就建筑产品物料质量而言,BIM 模型储存了大量的建筑构件、设备信息。通过软件平台,从物料采购部、管理层到施工人员个体可快速查找所需的材料及构配件信息,规格、材质、尺寸要求等一目了然,并可根据 BIM 设计模型,跟踪现场使用产品是否符合设计要求,通过先进测量技术及工具的帮助,可对现场施工作业产品进行追踪、记录、分析,掌握现场施工的不确定因素,避免不良后果的出现,监控施工质量。

2. 技术质量管理

施工技术的质量是保证整个建筑产品合格的基础,工艺流程的标准化是企业施工能力的表现,尤其当面对新工艺、新材料、新技术时,正确的施工顺序和工法、合理的施工用料将对施工质量起决定性的影响。BIM 的标准化模型为技术标准的建立提供了平台。通过 BIM 的软件平台动态模拟施工技术流程,由各专业工程师合作建立标准化工艺流程,通过讨论及精确计算确立,保证专项施工技术在实施过程中细节上的可靠性。再由施工人员按照仿真施工流程施工,确保施工技术信息的传递不会出现偏差,避免实际做法和计划做法不一样的情况出现,减少不可预见情况的发生。

同时,我们可以通过 BIM 模型与其他先进技术和工具相结合的方式,如激光测绘技术、REID 射频识别技术、智能手机传输、数码摄像探头等,对现场施工作业进行追踪、记录、分析,能够第一时间掌握现场的施工动态,及时发现潜在的不确定性因素,避免不良后果的出现,监控施工质量。

3. BIM 技术在工程项目质量管理中应用的优越性

在项目质量管理中,BIM 技术通过数字建模可以模拟实际的施工过程并存储庞大的信息。对于那些对施工工艺有严格要求的施工流程,应用 BIM 技术除了可以使标准操作流程"可视化"外,也能够做到对用到的物料以及构建需求的产品质量等信息进行随时查询,以此作为对项目质量问题进行校核的依据。对于不符合规范要求的,则可依据 BIM 模型中的信息提出整改意见。同时我们应认识到,传统的工程项目质量管理方法经历了多年的积累和沉淀,有其实际的合理性和可操作性。但是,由于信息技术应用的落后,这些管理方法的实际作用得不到充分发挥,往往只是理论上的可能,实际应用时会困难重重。BIM 技术的引入可以充分发挥这些技术的潜在能量,使其更充分、更有效地为工程项目质量管理工作服务。

4. BIM 在质量控制系统过程中的应用

质量控制系统过程包括事前控制、事中控制、事后控制,而对于 BIM 的应用,主要体现在事前控制和事中控制中。应用 BIM 的虚拟施工技术,可以模拟工程项目的施工过程,对工程项目的建造过程在计算机环境中进行预演,包括施工现场的环境、总平面布置、工艺、进度计划、材料周转等情况都可以在模拟环境中得到体现,从而找出施工过程中可能存在的质量风险因素,或者某项工作的质量控制重点。对可能出现的问题进行分析,从技术上、组织上、管理上等方面提出整改意见,反馈到模型当中进行虚拟过程的修改,从而再次进行预演。反复几次,工程项目管理过程中的质量问题就能得到有效规避。用这样的方式进行工程项目质量的事前控制比传统的事前控制方法有明显的优势,项目管理者可以依靠BIM的平台做出更充分、更准确的预测,从而提高事前控制的效率。BIM在事前控制中的作用同样也体现在事中控制中。另外,对于事后控制,BIM能做的是对于已经实际发生的质量问题,在BIM模型中标注出发生质量问题的部位或者工序,从而分析原因,采取补救措施,并且收集每次发生质量问题的相关资料,积累对相似问题的预判经验和处理经验,为以后做到更好的事前控制提供基础和依据。BIM技术的引入更能发挥工程质量系统控制的作用,使得这种工程质量的管理办法能够更尽责、更有效地为工程项目的质量管理服务。

5. BIM在影响工程项目质量的五大因素控制中的作用

影响工程项目质量的五大因素为人工、机械、材料、方法、环境。对五大因素进行有效控制,就能很大程度上保证工程项目建设的质量。BIM技术的引入在这些因素的控制方面有着其特有的作用和优势。

(1)人工控制。这里的人工主要指项目管理人员、技术人员和一线施工人员的控制。

人员在施工过程中起决定的作用,人员的思想、质量意识和质量活动能力对施工的质量起到决定性的影响。BIM技术在施工的管理过程中,引入了富含建筑信息的三维实体模型。对施工现场的模拟,使管理者对工程项目的施工现场和施工质量有一个整体的把握,让管理者对所要管理的项目有一个提前的认识和判断,根据自己以往的管理经验,对质量管理中可能出现的问题进行罗列,判断今后工作的难点和重点,提前组织应对措施,减少不确定因素对工程项目质量管理产生的影响,提高管理者的工作效率。

(2)机械控制。引入 BIM 技术对施工现场进行可视化布置,并优化施工现场。我们可以模拟施工机械的现场布置,对不同的施工机械组合方案及运行情况进行模拟和调试,得到最优施工机械布置方案,节约施工现场的施工空间,保证施工机械的高效运行,减少或杜绝施工机械之间的相互影响等情况出现。比如:塔吊的个数和位置;现场混凝土搅拌装置的位置、规格;施工车辆的运行路线等。用节约、高效的原则对施工机械的布置方案进行调整,寻找适合项目特征、工艺设计以及现场环境的施工机械布置方案。

(3)材料控制。工程项目所使用的材料是工程产品的直接原料,所以工程材料的质量对工程项目的最终质量有着直接的影响,材料管理也对工程项目的质量管理有着直接的影响,材料的好坏往往决定了施工产品的好与坏。利用 BIM 技术的 5D 应用综合分析项目的计划进度与实际进度,选择合适的物料,并确定施工中各个阶段所需的材料类型和数量。可以根据工程项目的进度计划,结合项目的实体模型生成一个实时的材料供应计划,确定某一时间段所需要的材料类型和数量,使工程项目的材料供应合理、有效、可行。实时记录与统计材料的使用情况,并确保材料的供给,实现资源的动态管理。历史项目的材料使用情况对当前项目使用材料的选择有着重要的借鉴作用。应用 BIM 技术建立强大的数据库、材料库和生产厂家信息库,在采购之前,整理收集历史项目的材料、使用资料,评价各家供应商产品的优劣,可以为当前项目的材料使用和购买提供指导和对比作用。选定厂家后,应用基于

BIM 的条形码扫描技术,得到建筑主材的规格、厂家、颜色等信息,简单方便地对材料进行进场控制,进场后,也可以随时对材料进行抽查和对比。施工过程中,对材料进行记录和归类,并在列表中归类整理,为后续工程质量的检查提供依据,并可应用于日后相似项目。

(4)方法控制。应用 BIM 技术的可视化虚拟施工技术,对施工过程中的各种方法进行施工模拟。在模拟的环境下,对不同的施工方法进行预演示,结合各种方法的优缺点以及本项目的施工条件,选择符合本项目施工特点的工艺方法,也可以对已选择的施工方法进行模拟项目环境下的验证,使各个工作的施工方法与项目的实际情况相匹配,从而做到保证工程质量。

(5)环境控制。BIM 技术可以将工程项目的模型放入模拟现实的环境中,以一定的地理、气象知识进行虚拟现实分析,分析当前环境可能对工程项目产生的影响,提前进行预防、排除和解决问题,保障施工质量。在丰富的三维模型中,这些影响因素能够立体直观地体现出来,有利于项目管理者发现问题并解决问题。

6. 基于 BIM 的质量管理在实施过程中的注意事项

(1)模型与动画辅助技术交底

对比较复杂的工程构件或难以用二维表达的施工部位建立 BIM 模型,将模型图片加入技术交底书面资料中,便于分包方及施工班组的理解;同时利用技术交底协调会,将重要工序、质量检查重要部位在电脑上进行模型交底和动画模拟,直观地讨论和确定质量保证的相关措施,实现交底内容的无缝传递。

(2)现场模型对比与资料填写

通过 BIM 软件,将 BIM 模型导入到移动终端设备,让现场管理人员利用模型进行现场工作的布置和实体的对比,直观快速地发现现场质量问题,并将发现的问题拍摄后直接在移动设备上记录整改问题,将照片与问题汇总后生成整改通知单下发。保证问题处理的及时性,从而加强对施工过程的质量控制。

(3)动态样板引路

将 BIM 融入样板引路中,打破在现场占用大片空间进行工序展示的单一传统做法,在现场布置若干个触摸式显示屏,将施工重要样板做法、质量管控要点、施工模拟动画、现场平面布置等进行动态展示,为现场质量管控提供服务。

7. BIM 在质量管控中的检查流程

材料设备管控利用 BIM 技术和信息化手段,生成设计材料设备清单、材料设备采购清单、材料设备进场验收清单,通过比对以上“三单”信息,检验材料设备的符合性,如存在差异,各方利用 BIM 管理平台进行沟通、修正、确认。下面以材料设备和现场检查验收质量管控为例,简单介绍一下 BIM 在质量管控中的检查流程。

(1)材料设备管控

①材料设备“三单”对比

设计材料设备清单是材料设备管控的基础,体现设计对项目选用的材料设备的要求。利用信息化工具,提取 BIM 模型中每个构件材料设备属性(参数),形成设计材料设备清单(包含了对材料设备的设计要求),清单与模型中构件建立对应关系,这是进场验收和现场使用的依据,便于追溯。材料设备采购清单是对设计材料设备清单的补充,体现材料设备各项参数指标由图纸需求向产品采购转化的过程明确品牌、数量等信息,也是材料设备进场验收的依据。材料设备进场验收清单是成果,体现进场材料设备的实际状态,材料设备由采购环节进入应用环节,其实际性能决定了是否在工程中可以使用。

②材料进场验收

依据材料设备清单、电子封样库、施工封样,项目公司与监理单位、总包单位共同验收进场材料设备,见证取样复试,并进行过程拍照、记录、填报。将验收单与设计材料设备清单和材料设备采购清单进行对比,"三单"对比一致则验收合格,签署进场验收单,进入下一步工作;比对不一致时,则判定材料设备不合格,监理监督退场,拍照记录,按合同、制度对相关单位和责任人进行处理。

③见证取样复试

监理单位按照国家规范及地方要求,对进场检查验收合格且需要复试的材料按批次、数量进行见证取样,过程拍照,存档备查。

④材料使用审批

送检样品见证取样复试合格后,监理签署同意使用意见。如为消防安全材料,监理单位、项目公司必须审批总包单位材料使用申请单,通过后方可使用。送检样品见证取样复试不合格,监理单位下发监理通知,要求总包单位对不合格的材料设备进行退场,监理单位监督,拍照记录,并按合同对相关责任单位进行处罚。

(2)质量检查验收

应用 BIM 技术,将质量检查验收标准植入 BIM 模型,各方在对工程实体进行检查验收时,可以实时查阅质量标准,实现标准统一。在 BIM 模型上预设检查部位,BIM 管理平台自动提醒各方在进行过程检查及开业检查验收时,对预设检查部位进行检查,避免检查部位和检查内容漏项。

①预设检查部位

BIM 模型对过程检查和开业验收按分部工程预设检查部位,

生成检查任务。

②现场检查验收

各方在检查验收时除依据国家标准和规范外,还必须执行BIM模型中的质量标准,且按模型中的预设部位和检查比例进行检查验收。

③填报检查结果

检查人在BIM工作平台质监子系统中,选择相应的分部分项预设检查部位,填报需整改项质量隐患信息及照片,提出整改要求。以上介绍了材料设备和现场检查验收质量管控要点,材料设备管控和质量检查验收的信息化功能均通过项目信息化集成管理平台实现。在平台上可以填报材料设备验收信息,查询质量标准,预设检查部位,填报隐患,追踪整改情况,质量管理制度中的管控要求可以在平台上完整体现。

(二)基于BIM的安全管理

1.基于BIM的安全管理实施要点

传统的安全管理、危险源的判断和防护设施的布置都需要依靠管理人员的经验来进行,特别是各分包方对于各自施工区域的危险源辨识比较模糊。而BIM技术在安全管理方面可以发挥其独特的作用,从场容场貌、安全防护、安全措施、外脚手架、机械设备等方面建立文明管理方案指导安全文明施工。在项目中利用BIM建立三维模型让各分包管理人员提前对施工面的危险源进行判断,在危险源附近快速地进行防护设施模型的布置,比较直观地将安全死角进行提前排查。将防护设施模型的布置给项目管理人员进行模型和仿真模拟交底,确保现场按照布置模型执行。利用

BIM 及相应灾害分析模拟软件,提前对灾害发生过程进行模拟,分析灾害发生的原因,制定相应措施避免灾害的再次发生,并编制人员疏散、救援的灾害应急预案。基于 BIM 技术将智能芯片植入项目现场劳务人员安全帽中,对其进出场控制、工作面布置等方面进行动态查询和调整,有利于安全文明管理。总之,安全文明施工是项目管理中的重中之重,结合 BIM 技术可发挥其更大的作用。

2. 深基坑工程的安全管理

深基坑是指:

①开挖深度超过 5 m(含 5 m)的基坑(槽)的土方开挖、支护、降水工程。

②开挖深度虽未超过 5 m,但地质条件、周围环境和地下管线复杂,或影响毗邻建(构)筑物安全的基坑(槽)的土方开挖、支护、降水工程。深基坑工程为超过一定规模的危险性较大的分部分项工程,工程勘察前,建设单位应对相邻设施的现状进行调查,并将调查资料(包括周边建筑物基础、结构形式、地下管线分布图等)提供给勘察、设计单位。调查范围从基坑、边坡顶边线起向外延伸相当于基坑、边坡开挖深度或高度的 2 倍距离。施工、监理单位进场后应熟悉设计文件,按照深基坑的定义,确定本工程是否属于深基坑的范畴,并做好深基坑施工的相关工作。

(1)深基坑工程问题特点

随着我国城市建设的发展,深基坑工程主要有以下 4 个特点:①深基坑距离周边建筑越来越近;②深基坑工程越来越深;③基坑规模与尺寸越来越大;④施工场地越来越紧凑。

深基坑工程安全质量问题类型很多,成因也较为复杂。在水土压力作用下,支护结构可能发生破坏,支护结构形式不同,破坏形式也有差异。渗流可能引起流土、流砂、突涌,造成破坏。围护结构变形过大及地下水流失,引起周围建筑物及地下管线破坏也属基坑工程事故。粗略地划分,深基坑工程事故形式可分为以下三类:①基坑周边环境破坏;②深基坑支护体系破坏;③土体渗透破坏。

(2)深基坑安全监测内容的确定和监测点设置要求

深基坑开挖施工中,在工地现场获得的信息可分为地质信息、工程信息和量测信息三类。其中,地质信息包括土层介质的种类和分布、软弱夹层的分布和地下水位等工程与水文地质条件特征以及容重、弹性模量、泊松比、黏聚力和内摩擦角等物理力学特性参数;工程信息包括拟建工程的建筑布置、开挖方案和支护形式,以及由施工过程实录反映的进度、挖方量和支护施作步骤等;量测信息泛指可用仪表在工程现场直接量测的,在地层或支护中产生的位移量、应变量或应力增量的量测值,以及用以描述这些物理量随时间而变化的规律的曲线等。在对基坑围护进行设计计算和安全性预测时,以上信息均为基础信息。显而易见,这些信息的正确性直接影响设计和预测计算的正确性,然而由于土体地层分布和支护参数的不确定性,以及施工步骤发生变更等原因,准确获取上述信息一般很难实现,使依据现场量测信息借助反分析方法等确定即时土体性态参数,以对同一开挖工序及下一开挖工序基坑支护的变形及其安全性做出检验或预报具有较大的意义。另外,按照监测的对象不同,监测内容可划分为自然环境、基坑周围及底部土体、支护结构、地下水位、周围建(构)筑物以及管道管线(如自来水管、排污水管、电缆、煤气管等)。按照监测的物理力学量不同,监测内容可划分为支护结构、土体环境、建(构)筑物和管线的位移或倾斜、应力应变(土体压力、支护结构的轴力、弯矩和剪力)等。

安全监测内容的确定与监测对象的安全重要性密切相关。基坑支护设计应根据支护结构类型和地下水控制方法,选择基坑监测项目,并应根据支护结构构件、基坑周边环境的重要性及地质条件的复杂性确定监测点部位及数量。选用的监测项目及其监测部位应能够反映支护结构的安全状态和基坑周边环境受影响的程度。根据上述规范内容要求,施工监测内容可分为如下4大类,共17个小项:

1)围护结构监测

①围护墙压顶梁变形监测。

②围护墙深层水平侧向位移监测。

③围护墙应力监测。

④围护墙温度监测。

2)水平及竖向支撑系统监测

①支撑轴力监测。

②立柱应力监测。

③立柱沉降监测。

④支撑两端点的差异沉降监测。

⑤坑底回弹监测。

3)水工监测

①坑外地下水水位监测。

②坑外承压水水位监测。

③坑外孔隙水压力监测。

④坑外土压力监测。

4)环境监测

①周边地下管线变形监测。

②周边建筑物变形监测。

③周边建筑物裂缝监测。

④坑外地基土沉降监测。

关于基坑监测的内容和监测点的设置应满足以下要求：

1)安全等级为一级、二级的支护结构,在基坑开挖过程与支护结构使用期内,必须进行支护结构的水平位移监测和基坑开挖影响范围内建(构)筑物、地面的沉降监测。

2)支挡式结构顶部水平位移监测点的间距不宜大于 20 m,土钉墙、重力式挡墙顶部水平位移监测点的间距不宜大于 15 m,且基坑各边的监测点不应少于 3 个。基坑周边有建筑物的部位、基坑各边中部及地质条件较差的部位应设置监测点。

3)基坑周边建筑物沉降监测点应设置在建筑物的结构墙、柱上,并应分别沿平行、垂直于坑边的方向布设。在建筑物邻基坑一侧,平行于坑边方向上的测点间距不宜大于 15 m。垂直于坑边方向上的测点,宜设置在柱、隔墙与结构缝部位。垂直于坑边方向上的布点范围应能反映建筑物基础的沉降差。必要时,可在建筑物内部布设测点。

4)对于地下管线沉降监测,当采用测量地面沉降的间接方法时,其测点应布设在管线正上方。当管线上方为刚性路面时,宜将测点设置于刚性路面下。对直埋的刚性管线,应在管线节点、竖井及其两侧等易破裂处设置测点。测点水平间距不宜大于 20 m。

5)道路沉降监测点的间距不宜大于 30 m,且每条道路的监测点不应少于 3 个。必要时,沿道路方向可布设多个排测点。

6)对坑边地面沉降、支护结构深部水平位移、锚杆拉力、支撑轴力、立柱沉降、支护结构沉降、挡土构件内力、地下水位、土压力、孔隙水压力进行监测时,监测点应布设在邻近建筑物、基坑各边中部及地质条件较差的部位,监测点或监测面不宜少于3个。

7)坑边地面沉降监测点应设置在支护结构外侧的土层表面或柔性地面上,与支护结构的水平距离宜在基坑深度的0.2倍范围以内。有条件时,宜沿坑边垂直方向在基坑深度的1-2倍范围内设置多个测点的监测面,每个监测面的测点不宜少于5个。

8)采用测斜管监测支护结构深部水平位移时,对现浇混凝土挡土构件,测斜管应设置在挡土构件内,测斜管深度不应小于挡土构件的深度;对土钉墙、重力式挡墙,测斜管应设置在紧邻支护结构的土体内,测斜管深度不宜小于基坑深度的15倍。测斜管顶部上应设置用作基准值的水平位移监测点。

9)锚杆拉力监测宜采用测量锚头处的锚杆杆体总拉力的方式。对多层锚杆支护结构,宜在同一竖向平面内的每层锚杆上设置测点。

10)撑轴力监测点宜设置在主要支撑构件、受力复杂和影响支撑结构整体稳定性的支撑构件上。对多层支撑支护结构,宜在同一竖向平面的每层支撑上设置测点。

11)挡土构件内力监测点应设置在最大弯矩截面处的纵向受拉钢筋上。当挡土构件采用沿竖向分段配置钢筋时,应在钢筋截面面积减小且弯矩较大部位的纵向受拉钢筋上设置测点。

12)支撑立柱沉降监测点宜设置在基坑中部、支撑交汇处及地质条件较差的立柱上。

13)当挡土构件下部为软弱持力土层或采用大倾角锚杆时,宜在挡土构件顶部设置沉降监测点。

14)基坑内地下水水位的监测点可设置在基坑内或相邻降水井之间。当监测地下水水位下降对基坑周边建筑物、道路、地面等沉降有影响时,地下水水位监测点应设置在降水井或截水帷幕外侧且宜尽量靠近被保护对象。当有回灌井时,地下水水位监测点应设置在回灌井外侧。水位观测管的滤管应设置在所测含水层内。

15)各类水平位移观测、沉降观测的基准点应设置在变形影响范围外,且基准点数量不应少于 2 个。

16)基坑各监测项目采用的监测仪器的精度、分辨率及测量精度应能反映监测对象的实际状况,并应满足基坑监控的要求。

17)各监测项目应在基坑开挖前或测点安装后测得稳定的初始值,且次数不应少于 2 次。

18)支护结构顶部水平位移的监测频次应符合下列要求:

①基坑向下开挖期间,监测不应少于每天一次,直至开挖停止后连续 3 天的监测数值稳定。

②当地面、支护结构或周边建筑物出现裂缝、沉降,遇到降雨、降雪、气温骤变,基坑出现异常的渗水或漏水,坑外地面荷载增加等各种环境条件变化或异常情况时,应立即进行连续监测,直至连续 3 天的监测数值稳定。

③当位移速率大于或等于前次监测的位移速率时,则应进行连续监测。

④在监测数值稳定期间,应根据水平位移稳定值的大小及工程实际情况定期进行监测。

19)对基坑监测有特殊要求时,各监测项目的测点布置、量测精度、监测频度等应根据实际情况确定。

20)在支护结构施工、基坑开挖期间以及支护结构使用期内,应对支护结构和周边环境的状况随时进行巡查,现场巡查时应检查有无下列现象及其发展情况:

①基坑外地面和道路开裂、沉陷。

②基坑周边建筑物开裂、倾斜。

③基坑周边水管漏水、破裂,燃气管漏气。

④挡土构件表面开裂。

⑤锚杆锚头松动,锚杆杆体滑动,腰梁和锚杆支座变形,连接破损等。

⑥支撑构件变形、开裂。

⑦土钉墙土钉滑脱,土钉墙面层开裂和错动。

⑧基坑侧壁和截水帷幕渗水、漏水、流砂等。

⑨降水井抽水不正常,基坑排水不通畅。

应对基坑监测数据、现场巡查结果及时进行整理和反馈。当出现下列危险征兆时应立即报警:

①支护结构位移达到设计规定的位移限值,且有继续增长的趋势。

②支护结构位移速率增长且不收敛。

③支护结构构件的内力超过其设计值。

④基坑周边建筑物、道路、地面的沉降达到设计规定的沉降限值,且有继续增长的趋势;基坑周边建筑物、道路、地面出现裂缝,或其沉降、倾斜达到相关规范的变形允许值。

⑤支护结构构件出现影响整体结构安全性的损坏。

⑥基坑出现局部坍塌。

⑦开挖面出现隆起现象。

⑧基坑出现流土、管涌现象。

(3)深基坑安全监测系统测试方法及原理

1)周围地面和管线沉降及支护结构表面侧向变形监测

①经纬仪观测法。基坑侧向位移观测中,在有条件的场地,用视准线法比较简便。具体做法为:测基坑边缘设置一条视准线,在

该线的两端设置基准点 AB,在此基线上沿基坑边缘设置若干个侧向位移测点。基准点 AB 应设置在距离基坑一定距离的稳定地段,各测点最好设在刚度较大的支护结构上,测量时采用经纬仪测出各测点对此基线的偏离值,两次偏离值之差,就是测点垂直于视准线的水平位移值。

②水准仪测量方法。观测方案:基准点和观测点的首次测量为往返观测,以获得可靠的初始值;以后各期为单程观测,由所有的观测点组成附合水准路线,附在基准点上。基准点每月检测一次,观测方法采用中丝读数法。

2)围护结构深层侧向变形监测

测斜仪是一种可精确地测量沿垂直方向土层或围护结构内部水平位移的工程测量仪器。测斜仪分为活动式和固定式两种,在基坑开挖支护监测中常用活动式测斜仪。活动式测斜仪按测头传感元件不同,又可细分为滑动电阻片式、电阻片式、钢弦式及伺服加速度计式 4 种。

3)土压力和孔隙水压力观测

国内目前常用的压力传感器根据其工作原理分为钢弦式、差动电阻式、电阻应变片式和电感调频式等。其中,钢弦式压力传感器长期稳定性高,对绝缘性要求较低,较适用于土压力和孔隙水压力的长期观测。

4)围护结构内应力的监测

支护结构内应力监测通常是在有代表性位置的钢筋混凝土支护桩和地下连续墙的主受力钢筋上布设钢筋应力计,监测支护结构在基坑开挖过程中的应力变化。监测宜采用振弦式钢筋应力计。

(4)典型深基坑在线监测管理系统

深基坑在线安全监测预警系统由数据采集监测子系统、专家分析及预测预报子系统、风险分析评价子系统、专家在线诊治系统及预警预报模块等组成,可实现全天候不间断地实时在线监测。本系统对边坡滑坡隐患点的监测,可以为滑坡的现状提供重要运行数据,进而完成坡体的稳定性分析评价。通过对这些监测数据的分析,结合影响边坡滑坡发育的重要因素以及滑动模型、预测预报理论模型完成坡体的稳定性分析及对灾害的预测预警,并用于指导隐患点的防灾减灾、日常巡查管理和应急管理工作。

3. 高支模工程的安全管理

高支模,又称高支撑模板,是指支模高度大于或等于 45 m 时的支模作业(也有单位规定为 5 m 或 8 m,超过一定规模的危险性较大的分部分项工程需要专家论证)。随着社会经济的发展,建筑工程的规模越来越大,越来越多的工程建设需要采用高支模。高支模的高度从几米到十几米,有的甚至高达几十米。一方面,高支模施工作业比较容易发生高处坠落事故,造成人员的伤亡,更为严重的是在施工过程中,如果支模系统发生坍塌,会造成作业人员的群死群伤,酿成较大甚至重大的施工安全事故。监测系统工作原理如下:

(1)对支架、模板沉降、立杆轴力、杆件倾斜进行智能无线监测。

(2)无线监测避免了传统人工监测的实时性差的问题,且可以布置在任何角落,避免监测盲区。

(3)安装方便,无须连线,可在云平台和手机端实时查看数据。历史数据分析可以为今后的设计提供依据。

(4)预警功能。预警阈值参考相关规范并经过理论分析后确定,由于高支模的工况复杂,需要设置多级预警以应对不同的工况,防止漏报和误报的情况。用户可以通过软件查看预警信息,并可以设置手机短信报警功能。

图7 手机端界面

(三)典型质量安全管理系统的建设内容

质量管理功能模块内容包括从业人员行为管理、建筑材料管理、工程变更管理、方案编制及审查管理、工程质量验收管理、技术资料管理和数字档案管理。安全管理功能模块内容包括危大工程信息管理、危大工程安全检查和事故应急处置。

六、系统管理模块

1. 智慧工地管理系统模块

智慧工地管理系统模块管理所有用户涉及到的通用功能,保障系统能够稳定运行。下设用户管理、角色管理两个模块。用户管理模块下设置了操作用户、分配职位、分配角色三个子模块;角色管模块下设置了操作角色和角色关联资源两个子模块。上述的操作行为分为新增、编辑、删除三种角色管理模块,是系统的基础功能,促使不同的用户在分配角色后拥有不同的功能权限,在系统的使用中每个角色都要分配对应的角色功能,每位使用者登录时根据角色系统会确认该用户的权限,让不同的用户根据角色的差异使用相应的功能。用户管理模块需要在构建新用户时用于每个用户完善基础信息,并根据所在单位职级的不同分配不同的角色。

2. 安全巡检模块

安全巡检模块主要有巡查部位、二维码制作、巡查记录三个子模块。巡查部位是施工现场需要进行巡检进行安全检查的基本单位,该模块只有管理员拥有所有的权限,施工单位可以操作巡查部位,且只有项目经理可以修改意见,政府部门中也可以提交整改意见与激活点位,但无法对巡查部位进行操作。业务人员在建筑工地进行安全巡查的时候是按照配置好的部位做检查,按照施工单位、工地地址、工地名称、部位名称、点位名称、拍照节点名称进行层级划分,在激活状态已激活的时候进行拍照巡查。巡检人员达到巡查部位时,需要扫描二维码完成巡查过程,标记巡查状态,生成巡查记录在系统中存档。项目经理查看到巡检人员提交的有隐患的巡查记录,提交整改意见进行隐患整改。巡查状态分为安全、一般隐患、重大隐患、文明施工、一般隐患(已整改)、重大隐患(已整改)、文明施工(已整改)。其中已整改标记所代表的是发生隐患的部位经过整改再次巡查时为安全状态,这些操作由巡检人员来完成。

3. 业务监管模块

在业务监管模块下包含项目监管、工地管理、设备管理、违章信息、预警信息五个子模块。业务监管模块是智慧工地管理系统的核心部分,故对其进行详细描述。在项目监管功能模块中,该模块主要是管理施工现场各项目相关的功能,比如视频监控、升降机、塔吊、环境监测的传感器等设备和人员管理,保障施工现场的安全。工地管理模块是政府部门把项目的施工工地在系统内进行登记,并对工地的状态进行管理,比如竣工或者停工,同时也可以把工地的数据导出,还可以根据工地编码、扩展 CODE、工地名称查询工地。业务管理模块对施工现场进行管理,对设备信息进行操作,当工地进行停工时需要对该设备进行拆机,还可以将设备的数据导出。违章信息功能模块可以查看各建筑工地的各类违章信息,点击可以查看详细信息;预警提醒功能模块中根据详情可以查看详细信息。关于工地和设备管理由施工单位负责,政府部门在检查中发现隐患,依据相应法律法规让工地停工检查排除隐患。

(1)项目监管功能需求

项目监管功能模块下面设置了项目基本信息、考勤、视频监控、环境监测、升降机监测、塔吊监测、预警信息、违章信息八个子模块。项目监管功能模块主要实现对业务人员的安全监管,对员工考勤、人员到岗履职、环境监测、视频监控、升降机监测、塔吊监测等服务信息分类,使用多种方式将信息发布到智慧工地管理系统中,提供综合信息查询服务。系统集成了项目监管模块的数据,通过报表、图形、深度学习模型等方法进行数据挖掘,为政府部门决策提供数据分析和综合判断信息,协助决策。系统根据自定义自主发布实时预警信息,再实时传送到业务人员处,及时进行现场处置。

(2)违章、预警信息功能需求

违章信息功能模块下设统计记录、查询和违章信息详情三个子模块。该功能模块根据现场施工设备运行状态实时传送当前违章信息,在平台进行详细展示,包含项目名称、时间日期、相关单位名称等信息,便于政府监管端进行及时处置,统计存档。违章信息模块的使用者是政府部门,统计模块查看某个项目塔吊违章次数、升降机违章次数和总违章次数的统计信息,还可以查看该项目的违章信息详情。预警提醒功能模块下设查询和预警提醒详情两个子模块,智慧工地管理系统根据实际需求,自定义设置预警阈值,当实时数据超出预警阈值时,这个时候系统会智能化的判断危险从而发出预警信息,在系统界面中呈现具体预警数值,便于三方(政府、企业、工地)及时进行处置。

(3)工地、设备管理功能需求

工地、设备管理功能是对工地或者设备进行管理,施工单位的项目经理拥有管理工地和设备的全部权限。

4. 全景展示模块

全景展示模块下面主要有实名制考勤、视频监控、环境监测、升降机监控和塔吊监控五个模块。本模块主要是对于工地上出现的各类数据进行全景展示,对于各类数据采用数据分析方法进行分析,给决策者提供决策依据。其中在业务人员中,只有施工单位的业务员有权限查看所负责工地的全景展示模块的数据。

①视频监控功能需求

视频监控功能模块中下设视频上墙、实时预览、录像回放、数据分析四个子模块。对施工企业用户进行视频监控,实现施工现场的统一管理,避免经常使用人力进行现场监督检查,降低现场人员管理成本,提高工作效率,保证施工现场的人员设备的安全。同时,对于监管部门来说,可以促进企业更好地监管现场的安全和质量,实时掌握现场信息,降低管理成本。其中视频上墙功能模块下设屏幕显示操作、清屏操作两个子模块。视频上墙能够实现单个屏幕分割成多个监看窗口,屏幕显示分为单屏显式和大屏显式,更换视频监控时,可以使用单独清屏或者全部清屏。实时预览功能模块下设视频抓图、球机方向控制两个子模块。拍摄实时视频画面,高清网络球机,管理人员可以在办公室内轻轻摇动摇杆,可以控制球机到任何位置,通过变焦可以看到现场的操作情况。录像回放功能模块下设选择项目摄像头一个子模块,可以对近期的视频进行存储查看。数据分析子模块则是对视频监控中工地人员的安全帽佩戴情况进行识别,若是发现有未佩戴安全帽人员则对其进行及时提醒,保障工地人员安全。

②环境监测功能需求

环境监测功能模块下设噪声实时监控、扬尘实时监控、温度实时监控、风速实时监控、报警及控制系统、客户终端显示、数据统计分析系统七个子模块。噪声实时监控、扬尘实时监控、温度实时监控、风速实时监控等功能模块会实时收集噪音、PM2.5、PM10、风速、温度等数据,并上传到服务器进行保存。数据统计分析系统在工作的时候,采集、存储各种数据,将收集到的数据传输到服务器;并对这些采集器收集的数据进行统计操作,再进行分类统计分析。若是数据的指数超标,通过自动报警功能,将通知相关部门进行整顿。客户终端显示功能模块支持采用移动端、PC端等各种设备,让环境监测的数据更直观显示。

③升降机监控功能需求

升降机监控功能主要利用包括重量传感器、高度传感器、指纹传感器、倾角传感器、轨道障碍物传感器等,对升降机进行安全监测与实时预警,有效解决超载运行等安全问题,有效保障升降机在运行过程中的安全,系统的后台则可以获取相关的数据汇总成统计报表,让数据可视化呈现。在升降机监控功能模块中,分为设备信息、实时运行监控、预警信息、违章信息、实时显示五个子模块。

在设备信息功能模块中,可以看到设备编号、备案编号等;在实时运行监控模块中,根据升降机备的运行时间段内的平均载重以及最高载重与过去的数据对比,出现异常情况自动上报预警、违章情况,并根据信息做出安全报警和规避危险的措施。

④塔吊监控功能需求

塔吊监控功能主要是系统通过安装在现场塔机上的各类传感器,采集相关数据上传到服务器。在设备运行期间都会受到远程监控,若是发现了违章行为,此时系统会立即识别出违章行为,发出违章行为信号,让塔吊司机立即停止违章操作。通过上述操作从技术层面上,确保塔机运行过程的安全,有效地预防和减少安全生产事故的发生。在塔吊监控功能模块中,分为设备信息、实时显示、预警信息、违章信息、实时运行监控五个子模块。

(四)数据分析模块

数据分析就是对收集到的大量数据进行分析,使用适当数据分析方法,提取有用信息,形成结论,这个过程就称为数据分析。数据分析的目的是提取大量看似杂乱无章的数据,总结研究对象的内在规律。在现实工作中,数据分析能够帮助管理者进行判断和决策,以便采取适当策略与行动。一直以来施工人员在施工时缺乏安全意识,这是导致安全事故频发的一大原因,施工人员缺乏防护措施意识,尤其是安全帽佩戴的使用意识,极大地增加了安全事故发生的概率。对施工现场安全帽佩戴情况进行识别,对于未戴安全帽的施工人员进行及时提醒,减少安全事故的发生。

(五)数据建设

数据库作为智慧工地系统的数据支撑层,是由多种数据源、多种数据类型构成的,是整个系统的基础。对基础设施数据库进行重点设计,要求切实可行、准确实用,在遵循和贯彻国家标准的基础上,形成具备较强前瞻性、兼容性和扩展性的基础设施数据库。

(六)数据标准体系建设

在充分采纳和参考已有国家、行业和地方标准规范与国外标准规范的基础上,根据建设方的具体情况,研究制定规范化的时空数据采集、处理、共享所需的技术标准,主要包括:

(1)各类空间数据建库标准。

(2)各类空间数据分类标准。

(3)各类空间数据的编码体系和代码标准。

(4)各数据库与文件命名标准。

(5)元数据标准(需建立完善的元数据管理机制)。

(6)符号标准。

(7)数据格式与交换标准。

(8)数据质量标准。

(9)数据处理标准。

(10)数据库建库作业流程与技术规定。

(11)数据更新流程技术规定。

(12)数据库建设验收标准。

在空间数据库标准中,包括如下内容:

(1)参考或引用的相关标准。

(2)要素的归类原则、要素的分层说明。

(3)数据分层模型,至少应包括:几何特性定义、属性项设置、代码设置、特殊字段的字典设置、特殊情况说明等。

（七）数据内容

1. 基础地形数据

基础地形数据是工地管理的基础和决策依据,系统建成后包括了区域内各种比例尺的基础地形数据。基础地形数据可通过政府协调从规划部门或者测绘部门获取,通过数据整理和质量检测入库。智慧工地管理系统可接入地理空间框架平台的基础地形数据。

2. 二维地形数据

二维数据是指区域范围内及附近周边的水系、道路、绿地的图形数据,地名、道路名等注记信息,POI(兴趣点)等。

3. 影像数据

影像数据是指行政区域范围内的正射遥感影像数据或者航空摄影测量数据。

4. 2.5 维数据

2.5维数据是指区域范围内地上三维景观模型经视角处理后的2.5维地图。

5. BIM 三维建筑模型数据

BIM三维建筑模型数据是基于先进的三维数字设计和工程软件所构建的"可视化"的数字建筑模型数据,为使用者提供"模拟和分析"的科学协作平台。

（八）专题数据

1. 规划数据

规划数据是指区域范围内的规划专题数据,如总规、控规、详细性规划、项目红线等。

2. 视频数据

视频数据是指监控设备实时获取的视频监测数据。

3. 监测数据

监测数据是指噪声、粉尘、温度、风速等传感设备获取的实时监测数据。

4. 文档资料

文档资料是指与项目相关的文档、图片、视频等资料。

第二节 智慧工地管理系统集成

一、智慧工地集成管理平台

随着技术的发展和项目管理水平的提高,越来越多的软件系统和智能设备被广泛应用于工地现场。每个应用通常只解决一个点的业务需求,项目管理者面对各个分散的应用和孤立的数据,难以实现对项目的综合管理和目标监控,智慧工地的建设难以达到预期的效果。智慧工地管理平台是依托物联网、互联网建立的大数据管理平台,是一种全新的管理模式,能够实现劳务管理、安全施工、绿色施工的智能化和互联网化。智慧工地平台将施工现场的应用和硬件设备集成到一个统一的平台,并将产生的数据汇集,形成数据中心。基于智慧工地平台,各个应用之间可以实现数据的互联互通并形成联动,同时平台将关键指标、数据以及分析结果以项目 BI(商务智能)的方式集中呈现给项目管理者,并智能识别问题和进行预警,从而实现施工现场数字化、在线化、智能化的综合管理。智慧工地集成管理平台应有以下功能:施工组织策划、施工进度管理、人员管理、机械设备管理、成本管理、质量安全管理、绿色施工管理、项目协同管理。

二、智慧工地集成管理平台的构成

下面以某智慧工地管理平台为例,介绍一下智慧工地集成管理的功能和价值。

(1)项目概况模块:直观呈现项目概况及人员、进度、质量、安全等关键指标,对问题指标进行红色预警,项目情况一目了然。每个指标可逐级展开、查看详细分析和原始数据。

(2)生产管理模块:基于场地实际位置查看塔吊运行情况、视频监控、劳务用工、环境指标和施工进度,实现对项目的动态监控。

(3)物料验收模块:软硬件结合,通过互联网手段,对大宗物资的进出场称重进行全方位的管控。排除人为因素,堵塞管理漏洞,提供多样而及时准确的数据分析来支持管理决策,从而达到节约成本、提升效益的目的。

(4)质量安全模块:平台将移动端采集的各类质量安全问题进行归集和整理,按照责任人分包单位、问题类别以及问题趋势进行分析,将分析结果以图表形式呈现,对关键问题进行预警。管理人员能及时发现问题并督促整改,保证项目顺利进行。

(5)经营管理模块:平台集成了项目管理系统中的主要经营数据,动态展示项目二次经营情况、资金收付情况以及项目盈亏状况,并以图表形式直观呈现。管理人员可清晰掌握项目经营情况,做好过程管控,提高项目利润。

(6)BIM 建造模块:平台可实现 BIM 模型在线预览,并在模型对应位置标记质量安全问题等关键数据,通过 BIM 模型展示进度、工艺工法,将 BIM 应用的关键成果集中呈现。集成管理平台无须填报,自动采集各专业应用和智能设备的数据,集中展现、分析、预警,实现对项目情况的动态监控和高效管理。使用手机 APP随时随地了解项目的情况,提高管理效率。通过企业级项目看板直观查看各项目的进度、质量、安全、劳务用工、物资验收、环境检测等指标数据,加强企业对各项目的管控。

系统集成建设内容应包括系统架构、系统配置、通信互联。系统集成是通过数据及应用接口实现不同功能系统之间的数据交换和功能互联,将工地各个分离的设备、应用和信息等集成到相互关联的、统一和协调的系统之中,解决系统之间的互联和互操作性问题,使资源达到充分共享,实现集中、高效、便利的管理,消除系统信息孤岛,提高系统的整体服务能力。系统集成管理平台的数据接口建设内容应包括数据内容及接口、数据类型、数据格式、传输方式、传输频率。智慧工地现场系统应提供数据接口,便于综合信息管理平台通过此数据接口提供的接口服务,获取、处理工地各类数据,并对应系统架构中的数据接口。智慧工地现场系统必须为综合信息管理平台提供数据接口之外,还应预留数据接口,便于与其他相关系统进行数据交互。集成管理平台中的工程基本信息指智慧工地工程项目的归类和数据集合,如工地名称、地址、用途、计划工期、设计图、资金、建设单位等。工程基本信息功能模块内容应包括工程概况、工程管理信息统计。

要想系统集成管理平台发挥作用,必须做好信息基础设施的建设。信息基础设施是指工地现场物联网系统所必需的用于收集、传输、处理各类信息的硬件设施,包括各类传感器、自动识别装置、网关、路由器、服务器等设备及相关集成设施。建设内容应包括信息采集设备、网络基础设施、控制机房、信息应用终端。

第三节　智慧工地管理系统数据接口

一、智慧工地数据接口

智慧工地建设的另一重要内容是将各类功能系统及数据集成在管理平台上,供不同参与方使用。要实现这个目标,就需有相应标准化的数据格式及接口,方便数据对接和传输。同时需建立平台间的对接标准,确定与外部系统平台(如政府监管平台)对接的数据格式,实现项目端与外部系统数据的互联互通。数据接口建设内容如下:

①数据内容至少包括项目基本信息、参建各方信息、BIM 模型数据、地理空间数据、人员、设备、物料等施工要素管理信息,以及质量、安全、环境等工程监管数据。数据来源应支持从智慧工地现场采集,由具有权限的后台人员录入和从其他智慧工地管理系统平台共享同步。各类数据内容应具有唯一编码标识。

②数据交换应支持多种格式的传递,包括 JSON、XML、YAML、文本等,符合国家和地方现行相关标准规定与技术要求。

③传输方式支持有线和无线数据传输,采用 HTTP、Socket、Wi-Fi、蓝牙、ZigBee、UWB 等一种或多种通信协议进行网络传输。

④系统集成主要包括系统内部集成和系统外部集成。内部集成指集成管理平台与各子系统数据对接,实现业务互通互联、数据共享;外部集成指由政府监管部门等外部系统平台集成,因此智慧工地硬件设备及软件系统应为外部系统平台提供可访问的接口。集成方式包括 URL 集成、IFRAME 集成、Web Service 集成和 AIP 等。

二、智慧工地中的数据应用

伴随着现代网络科技的发展和建筑企业对项目管理要求的提升,碎片化的应用和孤立的数据已经不能满足建筑企业对项目的综合管理和目标监控,越来越多的智能设备和应用系统被广泛应用于施工现场。"智慧工地平台"以物联网端设备数据采集为基础,将施工现场大量零碎离散的应用和硬件设备进行集成,形成数据汇集,产生数据中心。随着施工现场对于智能设备需求的增加,以及应用范围的扩大,智慧工地数据库系统要面对以下挑战:数据采集存储需适应各种恶劣的网络环境;具有较强的可扩展性;快速更新迭代使用等。以分布式为主要特征的数据库可较好地解决以上问题。

第四节　智慧工地管理系统运行与维护

一、劳务实名制管理系统

通过管理的延伸,利用现代化信息技术手段,实行一对一全过程跟踪式的管理。劳务实名制管理由信息录入、人脸识别系统、数据管理中心三部分组成。在数据管理中心劳务档案页可显示个人详细信息、考勤统计、日常行为、安全教育等档案内容。

(1)针对将要进场的每一个人,采集基本信息,信息录入由身份证识别器读取并保存其姓名、地址、联系电话、岗位资格等重要信息。建立《人员信息档案表》,整理登记《花名册》,与电子档案信息建立联动机制,且及时更新,保证每一个进场劳务人员信息的准确性和完整性。再通过人脸采集系统进行个人影像的采集及上传,最终达到身份信息的真实可靠性。

（2）劳务人员通过人脸识别进出施工现场,系统会自动识别人员信息,当人员信息与系统信息匹配成功后门禁系统闸才会放行,同时系统会抓拍进出人员相貌,记录人员进出时间,掌握人员作业时间,数据真实可靠。安全帽定位器可以显示人员行动轨迹、工作岗位停留时间,并实时上传相关信息,以便管理人员能时刻掌握工人动态。

（3）劳务实名制数据管理中心通过物联网接收门禁考勤信息,统计分析劳务人员的作业时间及动态内容,生成日常考勤。在管理中心显示大屏上可以查看工人人数变化、劳动力构成分析、各单位劳动力曲线以及工人详细的考勤内容。借助先进科技提高项目劳务管理水平,做到考勤与工资发放科学挂钩。

（一）智能安全管理

项目安全管理人员利用智能工地小程序或手机 APP 抓拍现场安全违章现象,发起安全巡查和整改,整改人会在手机上收到短信提示,责任整改人将整改后的照片上传到手机 APP,安全管理人员可通过计算机端和手机移动端查看问题整改情况,当整改合格后完成流程闭合,结束流程。当整改不合格时,责任人会再次收到短信提示继续整改直到问题闭合。这样大大提高了安全管理水平,从发现问题到完成整改,只需通过手机端便可完成,省去了下发纸质通知单的过程,做到了无纸化办公,而且效率更高,且项目每个管理人员均可通过手机端查看问题整改落实情况。真正做到了人人管理安全,人人参与安全管理的目标。数据管理中心会统计分析这些问题,按检查部位分析各种问题的出现概率,按问题趋势分析每周安全问题的变化,按劳务班组分析各劳务分包的安全管理水平。利用大屏幕分析的数据项目可清晰明了地把控现场安全情况。

(二) 安全行为之星

为了提高现场作业工人的安全意识,懂得自我安全,可通过向一线作业人员发放"行为安全表彰卡",评选"行为安全之星"等活动,变说教为引导,变处罚为奖励,变"被动安全"为"主动安全",切实提高了一线作业人员的安全意识,保证了项目安全生产管理的顺利进行。比如,项目部观察员在作业现场察看、询问、查验一线作业人员的作业行为及班组的管理行为,对满足"五种行为"之一的作业人员发放"行为安全表彰卡"并通过手机实时上传工人姓名、具体行为、工种、班组、所属分包单位等信息。数据中心汇总每个工人获得的表彰卡总数量后进行排名,项目部建立"行为安全表彰"档案,如实记录人员信息,早班会上对排名前20的工友发放日用生活奖品,以资鼓励。

(三) 无人机航拍安全监控

无人机是指通过机载计算机程序系统或者无线电遥控设备进行控制的不载人飞行器。无人机遥感技术是继航空、航天遥感技术之后的第三代遥感技术,相比较载人飞机、卫星等技术在环保领域中的应用,无人机遥感系统运行成本相对较低。

将无人机应用在建筑工地上可以从高空清晰拍摄施工现场的每个角落,对建筑面积大,多地块施工的项目起到重要的安全监控作用。无人机巡查可提高工地精细化管理的标准,通过无人机实时传回的航拍图片,能及时掌握工地是否按照规定采取了扬尘防控措施,能查看文明施工的情况,能清楚地观察到工地存在的各种问题,对火灾的早期观察和指导也能起到重要作用。从实际运用中来看,无人机可突破时空的限制,以其机动性和快速性提高环保巡查的效率以及快速响应应急状况,代替工作人员进行高危或者不宜进入的地区进行作业,对平时人工巡查不到、巡查不及时的地方,无人机也能做到全覆盖,并且保障工作人员的人身安全。

(四)安全帽智能识别及定位

现场配置智能安全帽识别服务器、摄像头及显示屏等,对经过监控区域的人员是否佩戴好安全帽进行智能识别,当识别出现场有人未佩戴安全帽时候,AI安全帽智能识别系统会进行语音播报,将相关报警信息推送给项目安全管理人员,并在后台记录未佩戴安全帽者的照片。管理人员可以通过无人机航拍图用广播系统对未戴安全帽的工友进行安全提醒,防止未戴安全帽的工人随意进入施工现场。工人佩戴的智能安全帽具有实时定位功能,在服务器终端可以查看工人行走路线轨迹,每个工作点的工作时间,对于一些特殊部位的作业人员可以设置电子围栏及时告警。在平常应急演练的时候,项目部的领导或者上级指挥部、企业管理部门的领导可以不用去现场就能够通过可视安全帽实时回传的图像,第一时间看到现场演练情况进行通话指挥。安全帽智能识别及定位系统的应用可以大大提高项目的安全管理水平,时刻抓拍未佩戴安全帽的工人,既提高了工人的安全意识,又方便了工人管理,定位系统的应用可以时刻掌握工人的工作信息、工作时长,对工资发放起到佐证作用,有利于劳务实名制的管理。

(五)智慧用电安全隐患监管

服务平台作为智慧工地的一个组成部分,是智慧安监、项目管理创新、安全生产的重要内容。智慧用电安全隐患监管服务平台是指通过主要因素（导线温度、电压、电流和漏电流等）进行不间断的数据跟踪并进行统计分析，以便实时发现电气线路和用电设备存在的安全隐患（如线缆温度异常、过载、过电压、欠电压及漏电流等），经过云平台大数据分析，及时向安全管理人员发送预警信息，提醒相应管理人员及时治理隐患，达到消除潜在的电气火灾危险，实现防患于未然的目的。该平台能优先解决用电单位的此类难题，如用肉眼无法直观系统及时地排查的电火灾隐患，以及很难完成隐蔽工程的隐患检查等。项目管理人员可使用 WEB 网页的方式登录管理自己所拥有的监控装置设备，进行当前指标、历史数据的查看和管理。配套 IOS 系统和 ANDROID 系统的手机 APP 端软件，可通过手机实时查看设备的工作状态。在发生指标超标等情况时，通过手机短信、手机端 APP、PC 端等进行实时推送，在电子地图上查看当前已安装设备的工作状态，做到直观浏览，可以及时排除安全隐患。数据实时上传存储，便于随时查询历史使用状态、告警信息、指标数据，可追溯以往的隐患情况，追溯责任的区分，从而真正做到智慧管理，提高安全用电管控，及时做到防患于未然。

（六）危险区红外线对射报警提示

危险区红外线对射报警提示的侦测原理是利用红外发光二极管发射红外光束，再经光学系统使光线变成平行光传至很远距离，由受光器接收。当光线被遮断时就会发出警报，传输距离控制在 600 m 内，当有人横跨过监控防护区时，就会因遮断不可见的红外线光束而引发警报。红外线对射报警器总是由发射机和接收机组成。发射机发出一束或多束肉眼无法看到的红外光，形成警戒线，当有物体通过时,若光线被遮挡,则接收机信号发生变化,处理后变成报警信号。在项目围挡和危险禁行区安装红外线对射报警提示器可以极大地节省人力,对管理盲区也可以起到实时的监管作用。

二、质量管理系统

质量管理系统以巡检移动端为主要工具,实现质量巡检和验收在线化,并能将相关位置数据与 BIM 相连,提高项目质量管理的效率。通过动态模拟,实现各分部分项工程施工工序样板的可视化、智能化,可对施工人员进行更直观的样板交底。同时,标养室远程监控系统,能对标养进行温度和湿度的远程监控及数据收集,达到标养条件后自动发送信息至管理员,从而实现标养品的智能化管理。

(一)质量巡检移动端

常规项目的质量把控主要靠施工现场的质量管理人员来回巡查,发现问题、记录问题、下发整改通知单到相应工区责任单位、责任单位收到整改通知单后对照相应部位进行整改,整改完毕后报项目部进行验收。过程复杂,涉及人员众多,费时费力。通过质量巡检移动端(智慧工地小程序),质量管理人员在巡场过程中就可利用手机便捷地发起质量过程检查及整改通知,指定位置,指定专人进行整改项接收。后续工作同样可进行在线跟踪监管,最大限度地提高了对质量问题的发现和处理信息传递的时效性,大大提高了工作效率。

（二）工序二维码的应用

二维码,又称条码,但二维码能够在横向和纵向两个方向、两个维度同时存储和表达信息,因此我们称它为"二维码"。目前,二维码技术已经被广泛应用于不同行业的工作流程中,随着我国智能手机的快速发展,二维码的应用变得越来越普及,也更为大众化,在建筑工程中也得到了广泛的应用。在施工项目中,将现场各专业技术交底书制作成二维码用于技术交底,在进场的专业技术交底和安全技术交底后,日常施工中工人们只要用手机扫一扫,就可以再次详细了解某道工序的作业要求。将二维码技术交底书设置在施工样板处,按特定的样本粘贴相应的二维码技术交底书,使安装工人既能看到安装实物,又能了解到具体的安装程序。实践中,各项目也可推陈出新,创新施工现场安全管理模式,将现代化二维码技术应用于施工现场设备责任管理和安全教育等方面。将现场使用的配电箱、变电所设备等机械的操作规程、生产厂家、施工单位、操作使用说明等信息录入到二维码系统中,仅需一个小小的二维码就可以完成交底内容、验收情况和相关责任人情况等信息的共享。同时运营单位可以利用二维码减少操作失误,减少损失。

第五章　系统建设方案概述

第一节　项目一张图系统

一、项目一张图系统

项目一张图系统采用 B/S 架构,以"一张图"方式全面合理地展示开发区所涉及的各类数据,将地形、影像、总规、控规、专项规划、项目红线、车辆、环境监测等信息进行全方位展示,提供便捷的显示、叠加、查询、分析和统计功能。系统功能包含各类数据一张图展示、图形浏览、全文搜索、数据空间查询、数据属性查询定位、项目资料浏览、项目一键式查询、图集资源面板、多屏比对、量算、标注、专题统计与评价等。

二、一张图展示

将各类专题数据在二维、影像、2.5 维、街景数据上进行集中展示。如总规、控规、专项规划、项目红线、车辆、环境监测、特种设备等信息等。

三、图形浏览

为用户提供通用的数据浏览工具,包括:放大、缩小、漫游、全屏幕、指定比例尺、刷新、前后视图切换、缩放到指定区域等。

图8　"一张图"展示

四、查询统计

叠加查询:提供地形图、影像图、规划数据、项目信息等的叠加浏览查询,方便进行核实与对比。

图属互查:通过属性数据可查询图形数据;通过图形数据可查询属性数据。

点击查询:点击属性查询可以让用户点击项目进行属性浏览,查看基本信息。

兴趣点查询:在当前图集上查询兴趣点。

道路查询定位:根据路名来进行查询。

高级查询:根据各项条件精确查询需要的图集。

全文搜索:根据关键字模糊查询相关内容,并可定位到项目空间位置。

坐标定位:精确快速定位到坐标地图。

行政区定位:快速定位某个行政区。

范围统计:按照指定的字段对图层数据进行范围统计,在范围统计对话框中用户可以指定需要统计的图层、统计的字段、用来划分范围的字段以及字段值。

统计输出:统计的结果可以以图表或报表的形式输出,方便直观。同时可以设置统计输出的形式,方便灵活

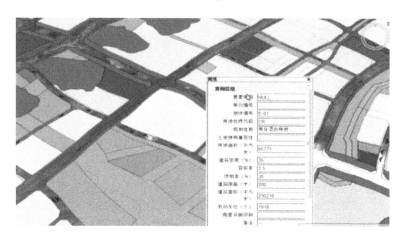

图9　查询统计展示

五、图集资源管理

按照图层资源类别对电子地图进行图层列表显示,点击图集列表,可进行图层浏览查看,图集可叠加显示。

图层控制:以图层形式显示图集面板选中的图集。通过拖动调整图集上下级顺序,并可以控制图层显示和不显示。

六、量算、标注

距离量算:测定用户指定的有效多义线或输入的坐标串的距离。

面积量算：测定用户指定的有效多义线或输入的坐标串的面积。

标注：提供多种自动、智能的标注工具，包括坐标标注、距离标注、面积标注、属性标注等。

单位设置：可设置长度（米、千米）、面积单位（平方米、亩、公顷）。

七、项目信息管理

项目资料：打开规划编制、规划审批、施工过程等项目的资料，进行详细信息的查看。

项目动态信息：查看项目的全生命周期的各阶段、各方面的信息。还可查询项目的规划信息、施工信息、建设单位、建设动态、监控评价等各类信息。

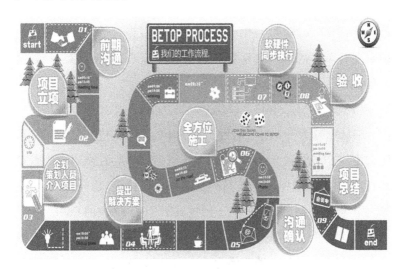

图10　项目实施流程图

施工单位信息：记录、管理包括建设、劳务、施工、园林绿化、幕墙等各类与建筑相关企业的公司主项资质、增项资质、公司基本信息等各类详细资料。

第二节　环境监测系统

一、系统总体设计方案

（一）硬件设计

系统硬件结构分为数据采集节点和监测终端两部分。

1. 数据采集节点

硬件设计数据采集节点是建筑工地环境的采集部分，负责采集噪声、PM2.5、扬尘、硫化氢等数据，并将数据通过无线模块传输给监测终端。数据采集节点以 STM32 为核心，拓展存储器、数据采集传感器、电源无线通信等部分。

（1）核心处理 STM32

STM32 专为低功耗、高性能、低成本的嵌入式应用设计。本系统选用的 STM32 属于 STM32F103"增强型"系列，时钟频率高达 72 MHz，是同类产品中性能最高的。闪存执行代码，功耗 36 mA，是 32 位市场上功耗最低的产品。内核属于 ARM 32 位的 Cortex-M3，三种低功耗模式：休眠、停止、待机。闪存程序存储器的存储范围为 32-128 KB，SRAM 的范围为 6-20 KB，A/D 端口有 18 个通道，可测量 16 个外部和 2 个内部信号源。具有通道 DMA 控制器，支持的外设有：定时器、ADC. SPI、IC 和 UART。具备串行线调试和

JTAG 接口,具有功耗低、接口多等优点。

(2)噪声传感器模块

在设计中,选择的噪声传感器模块为 TZ-2KA 型噪声传感器。该传感器操作简单、高声强动态范围、采集声频范围宽。其工作频率为 20 Hz-20 kHz,采集动态范围是 20-140 dB,灵敏度保持在 50 mV/Pa 水平,并且它具有体积小、电量轻、安装灵活等优点,其监测的声强能量范围符合国家噪声管理标准规定的全部要求。对声音频率的监测范围涵盖了人耳能够感应的全部频道。同时该传感器输出的信号为标准电压信号,这样与其他种类的测量模块和数据采集模块可以方便地组成各种需要的噪声监测系统能够较好地满足汽车检测线噪声的自动测量:声源定位、噪声定量分析、噪声治理及声学研究;机械设备的反常早期发现;环境噪声的定点在线监测、化验液体的乱流;石油勘探的噪声测井仪;旋转机械振动噪声监测等应用系统的设计需求。

(3)PM2.5 传感器模块

在设计中,选择的 PM2.5 传感器模块为 OPC-N2 型 PM2.5 传感器。它是一款便于携带、性能稳定、测试精度高、操作方便、响应时间快的轻便型装置。PM2.5 是指大气中直径小于或等于 2.5um 的微颗粒物,虽然它在空气中的含量很少,但却对视线能见度和大气环境产生重大影响。相比其他粒径较大的微颗粒物,PM2.5 直径相对较小,长期悬浮在空气中,不易降解,而人类的身体结构对 PM2.5 并没有过滤功能,对社会环境质量和人体健康的危害是不可估计的。OPC-N2 型 PM2.5 传感器采用新一代粒子计数算法,综合运用激光检测技术:空气动力学光机电一体化研发、数字信号处理,能够准确快速地检测到周围大气中微颗粒物的粒径分布和粒子数,价格低廉有利于进行多点分布检测,从而形成密集的检测网络,为研究空气污染状况提供依据。

(4)扬尘传感器

在设计中,选择的扬尘传感器模块为 PMS5003 元扬尘传感器。它是一款测量数据稳定可靠、内置风扇、数字化输出、集成度高、响应快速、场景变换响应时间小于 10 s,便于集成、串口输出,可定制的扬尘传感器。PMS5003 采用激光散射原理,当检测位置有激光照射时,颗粒物会产生微弱的光散射。由于在特定方向上的光散射波形与颗粒直径有关,所以通过不同粒径的波形分类统计和换算公式就可以得到不同粒径的颗粒物的数量浓度,按照一定方法得到与官方单位统一的质量浓度,该传感器能够监测到空气中 0.3-10pm 悬浮颗粒物浓度,如房屋灰尘、霉菌、香烟烟尘等。

(5)Wi-Fi 通信模块

在数据采集节点和监控终端之间采用 Wi-Fi 网络进行数据传输,在采集节点 1、节点 2、节点 n 和监测终端上分别连接一个 Wi-Fi 模块,它们之间组成一个基于 AdHee 的无线局域网,考虑到建筑工地环境中采集节点和监测终端的距离有限,采用这种方式既不用考虑布线成本,又可以保证数据的有效传输。Wi-Fi 是作为数据采集节点和监测终端数据传输的核心模块,基于 IEEE802.11 协议设计,传输延时短、效率高,达到很好的数据传输效果。

(6)硫化氢传感器

在设计中,选择的硫化氢传感器为 MO135 型传感器。它既能灵敏地感应硫化物、氨气、苯系蒸汽,又能精确地检测烟雾等其他有害气体,是一款适用于多种场合的低成本传感器。MO135 传感器所使用的气敏材料是在清洁空气中电导率较低的二氧化锡。当传感器所处的环境中存在有害气体时,其电导率发生变化,污染气体的浓度越高,其电导变越大。本文可以设计简单的电路格传感器,电导率的变化转变为与该气体浓度对应的输出信号。MO135对污染气体的感应程度范围 10-1 000 ppm,适用于多种环境下的有害气体监测。

(7)电源模块

设计中选用多节锂离子电池串联为数据采集节点供电,电池组输出电压为 84 V,采用 LM2596 降压稳压芯片,设计 8.4 V-5 V电压转化电路将电池组电压转换成核心板的工作电压。

2. 监测终端

监测终端以 ARM11 为核心,拓展存储器、报警单元、显示单元、3G 传输模块、Wi-Fi 模块、摄像头模块、和 GPS 模块,实现多个数据采集节点采集数据的无线接收、汇总、显示,并通过 3G 网络实现数据的远程发送,将数据上传至环境监测数据服务器。

(1)芯片选择

终端设计中选用三星公司的 S3C6410 核心处理器,该处理器是基于 ARM11 内核的高性能的 RISC 微处理器,它在移动电话等领域应用广泛,其硬件性能为 3G 网络提供很好的通信服务。S3C6410 硬件加速器作用强大,能够对图像和视频进行处理显示等操作。ARM11 架构的 S3C6410 内部资源丰富有 8 路高达 10 位精度的 ADC 等。外部接口多样,有 CPIO 口、LCD 接口、USB 口、串口,有利于进行系统扩展。S3C6410 功耗低,在电源供电情况有限条件下,可以自由选择省电模式,同时还可以根据主频实际需求选择 400 MHz、533 MHz、667 MHz 三种操作频率。ARM 是嵌入式系统的重要组成部分,采用"核心板+底板"的设计结构。凭借其体积小、性价比高、功能强大等优点,广泛应用在手机电脑等智能终端领域中。

（2）摄像头模块

在设计中,选择的摄像头模块为 ZC301 摄像头,用于建筑工地环境的图像采集 ZC301 与核心板 S3C6410 通过 USB 接口连接,USB 接口既作为数据交换接口,又作为供电接口。

（3）3G 模块

本设计选用的 3G 无线通信模块是华为公司的 E2613G 模块,通过 USB 口与 OK6410 相连用来与环境监测数据服务器进行网络连接。

（4）报警单元与显示单元

报警电路通过蜂鸣器电路设计实现,当采集的数据不在程序设定的范围内时,蜂鸣器发出声音,实现数据异常报警。终端显示屏采用 OK6410 配套的 4.3 寸触摸 TFT 彩色液晶显示屏,显示单元将接收到的 PM2.5 数据、噪声数据、扬尘数据、硫化氢数据及GPS 数据和图像数据等显示在界面上。

（5）GPS 模块

本设计中选用的 GPS 模块为 UBLOX NEO－6M GPS 定位模块,它功能全面、性能卓越、功耗低,能够满足精确定位及工地消费需求。GPS 模块获得建筑工地监测地点的经纬度,便于监管人员随时定位到发生数据异常的施工地点。

（二）监测数据服务器

网络接收监测终端通过 3G 网络上传的环境数据,服务器的正常启动需要安装花生壳客户端,完成 IP 映射配置,这样服务器就会在公域网可见。

(三)软件设计

本系统软件分为数据采集节点软件设计和监测终端软件设计两部分。数据采集节点采用 Keil 开发环境,监测终端基于 Linux 嵌入式系统开发,在 Linux 系统下搭建交叉编译环境,使用 Qt 编程实现监测终端的界面显示等功能。

1. 数据采集节点软件设计

数据采集节点软件设计编译环境采用 Keil u Vision5,编写语言采用 C 语言。软件控制 STM32 读取各传感器采集的数值大小,将其按照一定的数据封装格式封装在 TCP 数据包中,数据包按顺序存入数据采集节点采集的噪声、PM2.5、硫化氢、扬尘等数据中。接着控制数据发送模块与监测终端组建局域网,通过局域网 Ad hoc 将数据包发送给监测终端,监控终端接收数据之后如果返回"11",则表示接收数据成功,否则继续发送,重复此过程,实现数据采集节点与监测终端的数据通信。

2. 监测终端软件设计

监测终端软件由两部分组成:数据采集与解析和界面显示设计。监测终端软件的功能主要分为数据采集节点上传数据的接收、监测终端 GPS 和工地图像信息的获取及信息显示等功能模块。

(1)数据采集与解析

监测终端解析、采集软件主要分为 TCP 数据接收解析、GPS 与图像数据采集两部分,主要采用 Linux C 语言开发实现。监测终端接收到数据采集节点 TCP 数据包后进行解析,所接收的数据包由四部分组成:数据包大小数据、采集节点编号、工地环境数据、数据包结束标点。监测终端的 TCP 服务器程序监听端口,接受数据采集节点 TCP 连接请求,接收数据采集节点数据。根据数据包大小,接收完全部的数据包,对数据包按照"数据采集节点编号噪声、PM2.5 扬尘、硫化氢、数据结束标志位"格式进行解析,然后显示在终端界面上。同时终端外部连接 GPS、图像模块,程序控制进行 GPS 数据读取。解析以及图像获取操作,采集到的图像和 GPS 数据 UI 显示在终端界面上。

(2)界面显示设计

终端软件的界面显示设计使用 OT 开发语言编程实现。OT 是 Linux 系统下界面开发的重要工具,它在 WINDOWS、IOS、Linux 下具有很好的移植性,使用 Q 开发程序和编写界面显示设计,首先需要在 Linux 系统下搭建 O 集成开发环境网。在软件界面设计中,所要显示的数据主要包括三大部分:建筑工地图像数据、建筑工地环境指标数据、GPS 定位数据。显示的建筑工地环境指标数据主要包括噪声、PM2.5、扬尘、硫化氢等。

在系统设计中,数据采集节点有三个界面可以分别显示三个采集节点的数据变化曲线,所显示的环境指标数据是一段时间内三个监测采集节点采集数据的变化范围,同时终端会根据我国环境指标相关规定,判断环境状态,并显示出来。所接收到的环境数据会通过嵌入式数据库存储起来,用于后期环境状态查询操作。

二、智慧+环境控制

常见的工程污染有扬尘污染、噪声污染等,会干扰周边居民及现场施工。在智慧工地管理视角下,建筑工程管理人员要在智慧工地管理系统中纳入绿色管理模块,加强对施工现场污染指标的监测,包括空气质量指标、噪声指标等。在搭建智慧工地系统时,要高度重视环境污染监测,根据工程需求适配高精度的自动化监测设备,对相应的环境参数如噪声、颗粒物浓度、湿度等加以测定,并实时显示在 LED 屏幕上,超标指标可标红并预警。测定的数据要传输至云端,连接移动终端,为施工人员提供实时监测数据,为实际情况的管理提供判断依据,并快速处理监测的异常数据。例如,颗粒物浓度值超标时,要激活系统的喷雾降尘系统,及时进行降尘处理。施工现场可能存在部分标准养护室,要格外关注此类室内环境监测,配置高精度的传感器,以精准测定现场温度、湿度,同时安装防水摄像头,跟踪记录全天的环境数据,为现场管理人员提供实时、详细的参数支持。

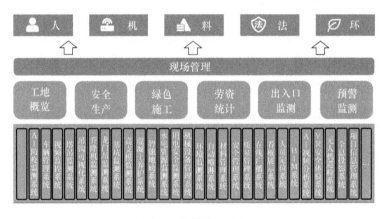

图 11　现场管理平台

三、系统测试

在建筑工地环境监测系统中,数据的采集与接收、系统报警界面显示要满足很高的实时性要求。Wi-Fi 作为数据采集节点与监测终端通信的核心模块,其稳定性直接影响整个系统数据发送和接收的稳定性。实验室条件下,对系统 Wi-Fi 模块数据传输的稳定性和实时性 GPS 定位信息的精确性进行测试。测试过程中,采用三个数据采集节点与一个监测终端相连接。监测终端界面显示数据采集节点,通过 Wi-Fi 周期性发送到监测终端的噪声、PM2.5、扬尘、硫化氢等数据,延时小于 1S,并绘制成动态曲线,可通过下拉菜单栏选择想要查看的节点编号,同时 GPS 模块能够实现精准定位,为建筑工地的监管提供便利。经过多天测试,Wi-Fi 组建的局域网通信具有较强的稳定性,可实现噪声、PM2.5、扬尘、硫化氢等数据的可靠传输。

(一)环境监测系统

环境监测系统可快速、准确、实时在线监测、记录和统计总颗粒物、噪声、温度、风速等环境指标,如果超过警戒指标,系统会报警提示,即时的数据资料、报警时的现场图片、报警地点、电话、联系人等其他信息会立即传送至管理者,方便其进行快速处理。

(二)监控管理平台

监控管理平台完成监测数据与图片的存储,支持管理者对前端污染源的实时监控、对在线监测仪以及摄像头的参数调控、对历史监测数据的统计分析等功能。

(1)对污染源的实时数据监控与自动报警,悬浮颗粒物(SPM)实时监测与统计查询,噪声 DB(A)实时监测与统计查询,气象参数实时监测与统计查询。

(2)对现场摄像头的实时控制与照片取证。

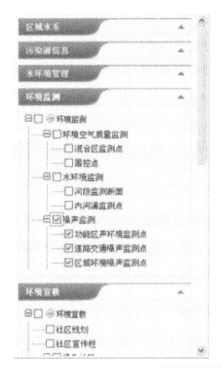

图 12 环境监测系统

（3）按区域的污染源管理与统计。

（4）基于地图的污染源位置管理。

（5）对前端在线监测仪的实时控制和数据标定。

（三）统计分析

统计报表功能：自动统计小时均值，自动生成并存储基本统计日报表、月报表、季报表和年报表，包括均值、最小和最大值、超标率和超标倍数。

对于每小时补传的数据，实时对小时均值进行更新统计。最后一小时数据补传完毕后同时更新小时均值及日均值(噪声为昼间均值、夜间均值)数据。

（四）查询比较

可查询任意时段的历史监测结果，并对不同时间段的数据进行比对分析，查询分析结果应以图和报表两种方式显示。

数据查询与比较分别以分、小时、日、月、季和年平均值表示。噪声数据表示为昼间和夜间平均值。

（五）数据导出

针对查询需求可以 EXCEL 格式导出所有监测结果，数据导出同时具备带标示符与不带标示符的功能选项。

（六）超限报警

当颗粒物浓度、噪声、温度、风速超过设定值时，根据设定的报警值，系统自动发出小时或日均值超限报警提示。噪声超限报警提示可按照夜间施工噪声控制限值进行夜间的超限统计，当监测现场发生高噪声或突发噪声时,可按照设定限值自动启动录音功能;风速报警提示可以提醒施工单位注意或者停止高空施工报警;温度报警提醒可以让施工单位注意做好防暑降温的工作。支持手机短信、音频提醒、图标颜色变化等多种超标报警提示形式。

第三节　工地可视化管理系统

一、建筑工地可视化管理系统

为了确保工地施工安全,全方位监控工地情况,比如施工作业时工人是否佩戴安全帽、现场的扬尘情况等,一套切实有效的可视化监控管理系统起着十分重要的作用。按照施工工地传统的监控采用"点对点"的视频传输方式,即直接从工地前端安装的摄像机上拉一条光缆到监控中心。"点对点"视频传输方式占用传输带宽资源少,图像相对比较清晰、稳定,上传信号或下传信号均较快捷。但建筑工地比较分散,有的距离监控中心七八千米,远的几十千米,沿途要经过桥梁、道路,传输的光缆不仅要跨高架,甚至还需破路、横穿地下管道等。另外,在部分大型建筑施工现场实施监控,其难度和复杂程度超过其他应用领域,有时建筑施工现场几十种工序在不同部位,不同时间交错进行着,且设施都是临时的,变数较大,这是施工监控的难点。安装了可视化监控管理系统之后,解决了上述问题。首先,为保证有较高清晰度的图像从安装在高处的建筑物上输出,工程前端摄像机应合理设计,尽量缩短安装在高处建筑物的摄像机到主机的距离,并使之尽量控制在 500 m 以内,同时适当放大信号,保证传输线有良好的屏蔽作用;其次,提高压缩视频保帧技术,保证电脑主机在 24H 不间断运行的情况下工作稳定、正常。

(一)工地可视化管理系统

建筑工地属于环境复杂、人员复杂的区域。考虑到安全生产、工程监督、项目质量及人员设备的安全,一套有效的视频监控系统对于管理者来说是非常有必要的。

通过远程视频监控系统,管理者可以了解到现场项目施工进度、现场生产操作过程、现场材料安全,由此实现项目的远程监管。

工地可视化管理系统能够实现工地现场的远程预览、远程云控制球机转动、远程接收现场报警、远程与现场进行语音对话指挥等功能。采用政府部门、企业、施工现场三级联动架构,有效实现视频数据共享,并提供建筑公司管理系统对接接口,方便进行二次开发。通过企业平台,可以促使企业更好地对工地进行安全质量监管,落实企业责任主体。同时可以方便企业进行自我监管,实时掌握工地现场信息,减少管理成本。

工地前端系统:负责现场图像采集、录像存储、报警接收和发送、传感器数据采集和网络传输。

传输网络:工地和监控中心之间可选择专线和互联网两种方式;工地现场使用网桥 AP 无线传输。

监控中心:系统的核心所在,是执行日常监控、系统管理、应急指挥的场所。

(二)控制管理平台

实时监测各监控设备的运行状态,当设备出现异常停止或者异常关闭,自动启动该设备,继续提供服务,如果设备出现损坏,及时提醒相关人员进行维修。

(三)视频浏览

实现通过网络在线数据,可以在 PC 端、监视器和电视墙上实时观看视频;可以通过客户端或 WEB 方式实时浏览视频,包括多画面显示、多画面轮询、字幕叠加。

(四)监控位置及范围

将视频监控的空间位置和监控范围在 GIS 地图上进行展示,以辅助管理人员进行监管,同时还可以对监控区域进行分析,合理布置监控点的位置及密度。

图13　工地可视化系统

(五)云镜控制

支持对云台和镜头的远程实时控制,可以通过客户端或键盘进行控制,云镜控制分为多级,并具有预置位巡航的功能。

(六)报警管理

包括前端设备的报警输入和平台报警输出引起的联动。前端设备的开关量报警输入以及移动侦测报警输入,触发平台系统的报警处理,平台在收到报警信息后,根据用户配置的报警联动信息进行联动处理,主要包括触发前端设备报警输出引起联动,如摄像机运动到指定位置、触发报警录像等。处于接警状态的客户端在收到报警信息时,应将画面切换到报警设备的联动画面,并发出警报,直到用户做接警操作之后,方可返回正常状态。

(七)录像管理

用户可以进行定时录制、手动录制和报警录制三种录像模式,可以根据时间、地点和报警类型查询录像资料并进行录像回放(需分配录像磁盘最大空间)。

(八)图片抓拍

用户可以随时通过客户端的抓拍按钮进行实时抓拍,以 JPEG 格式保存在服务器或者客户端上。

(九)设备管理

通过管理维护端,用户可以执行添加设备、删除设备、查询设备、分配设备等操作。支持对前端设备属性参数,如设备编号配置、网络参数配置、设备相关视频配置以及存储方案等参数配置。

第四节　工地人员管理系统

一、智慧+人员管理系统设计

智慧门禁系统是基于识别技术而发展起来的,在该系统应用过程中,准入问题或施工考勤问题是难点。大部分建筑工程管理人员采用 IC 卡考勤技术,容易出现 IC 卡丢失的问题,给施工人员和管理人员带来不便。若采用指纹识别,施工人员从事的多为体力工作,可能出现手部伤口较多或清洁不干净等情况,对识别效果产生影响。当前,面部识别成为智慧门禁系统的主要识别方式,该系统的具体应用主要体现在三个方面:一是识别技术。首先是人脸识别,采用 3D 多维人像采集技术,全面识别进入施工现场的人员;其次是虹膜识别技术,该识别技术应用成本高,优势也较为明显,识别精准,效率高。二是智能安全帽准入识别。和传统的安全帽不同,智能安全帽中安装有定位传感器、处理传感器、储存信息传感器,可以录入施工人员信息,当施工人员佩戴智能安全帽时,主机端会进行辨别并给予准入反馈。三是智能追踪系统。当施工人员进行施工现场后,智慧工地系统主机端会对施工人员进行定位,实时跟进施工人员的行进路线,了解其工作状态,监管施工人员的周边环境和施工操作,避免出现操作失误。在发现安全隐患时,及时预警和排查处置。

基于上文对施工系统人员安全管理现状及需求的分析,人员安全管理系统的主要任务是采集施工系统风险因素的作业状态,判断人员是否安全,以便针对人员安全情况及时采取措施。主要面向的对象是作业人员、管理人员以及系统管理员。

二、工地人员管理系统

工地人员管理系统主要分为六个功能:实时定位、智能考勤、安全巡检、电子围栏、视频联动、信息共享。

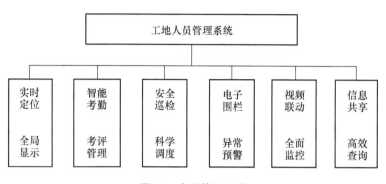

图14 人员管理系统

(一)实时定位

实时定位,全局显示:通过人员所携带的定位标签实时追踪人员的精准位置,当人员进入到建筑高楼内,可以对每一层楼人员的状态进行判断,根据标签的不同属性进行分类管理和人员信息查询,并显示在电子地图上,同时可查询人员实时轨迹、历史轨迹及某个区域内人员数量。

(二)智能考勤

智能考勤,考评管理:通过定位系统实时监控人员的位置信息,可实现自动签到,对人员是否在岗实时监控,并可根据人员是否达到工作地点及工作时间对人员进行工作考勤统计,防止出现人员虚报、相互代签等行为。

（三）安全巡检

安全巡检，科学调度：前期设定巡检路线，当巡检人员路线出现错误时进行报警，并可在发现安全隐患时，通过位置信息及时调动附近工作和安全管理人员，实现科学高效的调度指挥。

（四）电子围栏

电子围栏，异常报警：自主划定电子围栏，施工人员进入禁入区域时进行报警，便于及时采取相应措施。

（五）视频联动

视频联动，全面监控：当发生异常状况时，通过状况发生的实时位置，调动相应区域的视频，及时了解现场状况，全局把控现场，采取最优措施。

（六）信息共享

信息共享，高效查询：与人员信息数据库对接，可实时查看特定标签的详细信息，节约查询时间，提高管理水平。

第五节　机械设备管理系统

机械设备管理系统的任务是负责对项目施工所需的大、中、小型机械设备及时供应，并保证使用、配合、服务良好。项目经理部对各种施工机械设备的需求，通常是根据需求计划，以租赁合同的方式，同机械设备租赁公司发生联系。

一、机械设备管理系统

以北斗定位系统为基础,针对渣土车、混凝土搅拌车、特种车辆、特种机械设备等,利用通讯控制、计算机网络、智能化管理、高精度位置服务等技术解决目前的机械设备管理难题,严防车辆超载、限制行车速度、保证行车安全,加强安全监管力度。

系统是按照先进、可靠、长远发展的要求进行设计,充分体现模块化系统集成的设计思想。满足无线和有线报警联动的功能要求,同时考虑系统增值服务的发展空间,力争达到一个高度信息化、自动化的机械设备监控系统的要求。

二、机械设备信息管理

对机械设备的类型、操作人员信息、所属单位、所属项目、有效载荷等基本信息进行管理。

三、车辆实时数据管理

根据北斗定位信息,在地图上实时显示车辆的行驶路线和工作时间。通过定位系统实时监控车辆的位置信息,可实现自动签到,实时监控车辆是否处在工作状态,根据车辆运动路线、工作时间做出智能考勤。

四、车辆监控

超载监控:从第三方系统采集车辆的运载土方量,并上报到管理中心。

超速监控:判断该车辆是否超速、位置是否正常,同时通过无线传输网络发送到管理中心。

　　科学调度:前期设定车辆运动路线,当运输车辆偏移路线时发出错误报警,并指引司机回到正确路线上;当车辆进入到施工区域时,系统分析出区域内车辆的分布情况,并指引司机到达正确位置,通过北斗定位技术对车辆管理实现施工成本下降的目标。

　　电子围栏:自主划定电子围栏,施工车辆进入禁入区域时进行报警,便于及时采取相应措施;若车辆在规定的时间内没有达到相应的位置,车辆标签终端将提醒司机应及时到达。

五、报警联动

　　系统报警处理模块可以由用户根据实际需要,配置相应的报警联动选项,如车辆的速度、载重、路线、作业时间等。

六、查询统计

　　可查询车辆数量、种类、运载次数、运载量等形式多样的统计报表。

七、特种设备管理

　　面向管理人员,展示整个区域的特种设备(装载机、挖掘机、塔吊等)基本信息、分布运行情况、预警提醒等。

　　通过 CROS 站推送高精度服务数据,满足土方工程机械、施工定位机械、打桩机械、运输机械等机械设备的厘米级高精度定位需求。系统综合微电子、北斗传输、无线通讯、GNSS 厘米级高精度定位等技术于一体,实时全程可视化跟踪机械设备运动过程,向主管部门、施工方、监理方和操作手提供及时精确定位的工作信息。

第六节 物资管理系统

一、智能地磅

智能地磅采用专用感应车牌识别一体机,集车牌识别、雷达车感、承重系统、语音播报、补光、储存于一体,是无人值守地磅行业的专用产品。当车辆进入施工现场,智能地磅可记录车牌、进出时间、进出重量,上传到智慧工地数据管理终端,可以用手机实时查看数据,计算机端可批量下载打印相关运输车辆信息。一方面通过系统管理明确现场库存状态,另一方面可通过无人值守的地磅系统杜绝偷料等不良行为,提高了项目的物料管理水平。

二、车辆管理系统

在项目出入口加装车牌识别系统,对进出施工现场的车辆进行管理,项目登记在册的车辆会自动识别放行,外来车辆需保安人员登记后方可放行,车辆识别系统会记录车牌号码,拍照登记车辆出入时间,并上传到数据管理终端,打开手机便可查看现场车辆的信息,以此辅助施工现场的车辆管理。

三、物资管理

(一)功能组成

物资成本占工程项目总造价的 60%～70%,传统的物资管理由于物资计划及申请不及时,物资采购审批流程繁杂且采购全过程信息数据缺失遗漏,未进行供应商管理库集,集中采购导致物资成本剧增。应用平台进行物资管理,可进行供应商管理、物资分类及编制物资计划进行集中采购。施工现场物资管理通过平台发起物资需求、收发料及退料,并形成物资台账和流水,自动生成报表并支持一键导入导出,实现物资全过程动态跟踪管理。针对物资库存进行库存处理及物资结算,实现项目参与各方所需物资的全局调配管控,精细化物资管理,最大限度减少物资成本的支出,为项目管理各层级提供详细物资采购信息数据决策依据,使得物资采购流程化、透明化及智能化。物资管理功能模块主要由基础功能、跟踪管理及库存分析三大板块组成。

(二)应用流程

通过进度计划工程量与现场实际物料进行对比分析,实现物料精确化管理,一码多用,通过二维码和射频识别技术实现构件的识别追踪及施工管理。同时,通过轨迹系统实现物料运输精细化管理,包括供应商管理、物资分类、用料申请、材料入库、材料出库、库存管理、物资结算、退库申请及物资流程配置。物资计划分为一般性物资(物资申请–物资采购–物资出入库)及设备类物资(物资排产–设备厂商生产),根据建筑信息模型(BIM)提出物资计划,一般性物资和设备类物资基于建筑信息模型(BIM)生成物料二维码,利用 GPS 技术及 RFID 技术定位识别各物资并进行设备的全程跟踪,根据现在使用物资量形成的物资台账进行物资结算,结算费用与建筑信息模型(BIM)提取的物资计划进行盈亏对比分析。

四、智慧+物资管理

智慧工地系统在施工物资如设备和建材的进场、采购、验收等流程上均体现出较大的优势,可实现对进场物资的全程闭环管理,借助电脑、手机等终端,全程跟进物资流动信息,并将各项数据储存至服务器中,为物资管理提供极大便利。以某建筑施工案例为例,其采用"智慧工地系统+区块链"的物资管理形式进行现场管理,将进场的各批次建材纳入唯一的区块链指纹,原料商、生产商、经销商详细的信息节点形成不同的电子签名,管理人员可借助移动端和PO端实时记录和审核追踪,实现动态组网,并进行去中心化分布式计算,运用区块链技术可显著降低智慧工程建筑成本。以深基坑施工监测为例,可利用深基坑无线监测系统,结合IOT技术将传感器中的数据传输至云端系统,合法授权节点,将数据上传至链端予以分布式储存,为下一步科学决策提供支撑。

五、物资管理系统

物资管理系统主要包括了以下四个功能:物资定位、电子围栏、一键查询、视频联动。

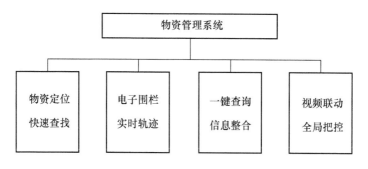

图15　物资管理系统

(一)物资定位

物资定位,快速查找:通过物资所携带的定位标签实时精准定位,并可根据工作人员的实时位置和目标物资的位置进行路径规划,实时导航,便于查找物资。

(二)电子围栏

电子围栏,实时轨迹:轨迹信息实时查询,异常报警,可根据实时移动轨迹进行物资追踪。快速设置电子围栏区域,控制物资堆放场所的无权限人员随意进出。

(三)一键查询

一键查询,信息整合:物资数据与标签信息统一,管理人员可一键查询相应物资的实时位置、轨迹记录、名称、属性等详细信息。

(四)视频联动

视频联动,全局把控:与视频监控系统联动,发生异常状况或抽检时,可实时调动相应位置的实时监控视频,全方位、多角度监控目标。

第七节　施工管理系统

一、施工管理系统架构设计思路

针对传统管理模式下信息交互困难、施工质量不易把控、项目工期影响因素复杂等问题,基于 BIM 的施工管理平台,面向建筑施工阶段,结合组织、过程、信息这三个要素,进行功能架构整体设计。技术架构开发思路主要遵循以下五点:

(1)数据信息均基于 IFC 进行结构化与非结构化分类存储。

(2)平台数据轻量化处理,支持大体量模型运行与巨量数据整合。

(3)模块化设计保证管理系统功能综合全面,细分信息、技术、质量、安全、进度、投资模块。

(4)保证管理系统普及度,保证各参建单位均应用此系统,从而实现协同作业,信息互通联动。

(5)系统使用方法简化,充分使用移动端 APP、模型、二维码技术。

基于以上技术架构,实现了施工管理系统的云端协同工作,模型的轻量化处理,以及基于 WEB 端的决策分析三大类功能,同时也可实现在系统中进行数据集成、实时控制和辅助决策。在传统施工管理中,信息在交互中的流失会导致信息转换率过低,基于BIM 的数据信息集成化管理可以使得信息统一化和离散信息完整化,在数据量过大时云端服务器可以通过并行方式将数据库扩增从而满足平台需求。施工阶段的数据信息具有来源广泛、数据量大、数据格式复杂及数据更改需求频繁四大特点,这些特征也增加了数据处理的难度。在完成 BIM 与系统平台的对接后,使用者可随时在移动终端和 WEB 端通过模型对管理信息进行查看并进行授权部分的信息编辑调整,各参与方对整体施工过程信息可即时查看、即时处理和即时沟通,真正实现协同工作。

二、施工管理平台模块设计

施工管理平台根据各方需求设计模块,分别为项目管理、技术管理、质量管理、安全管理、进度管理和投资管理,以安全、质量、进度、投资管理为重点模块进行研发设计。施工阶段,为了保证项目在可控状态下施工,必须以安全、质量、进度及投资为出发点,才能实现项目落地,保障业主、施工单位、监理单位的利益。安全、质量、进度、投资四者之间既相互联系又相互制约,既对立又统一。例如:在项目施工阶段,若各方只是加强对安全的投入,可能会造成施工进度延缓,投资额增加,但是施工质量会得到保证;若各方只注重施工质量时,不安全操作事故会减少,但是施工进度会减慢,投资额会增加;如果在施工阶段加快进度,则可能造成施工质量下降,安全性也可能随之下降,投资额反而会增加;若在施工阶段不合理地控制投资费用或投资费用不及时到位,相应地也会造成安全、质量、进度大幅受损。综上所述,在项目施工阶段不能偏颇地控制某一指标,要获得理想的结果,必须从安全、质量、进度、投资中选取平衡点,以满足项目管理目标。因此,施工管理平台设计模块主要从安全、质量、进度、投资四个方面来满足各参建方的需求。

(一)施工管控系统

施工管控系统结合 BIM 系统和北斗定位系统,主要用于施工过程中工序跟踪、进度跟踪、质量监管、责任划分等方面,其包括了以下四个功能:工程监督、进度管理、信息融合、数据共享。

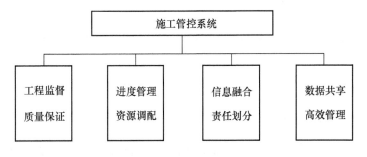

图 16　施工管控系统

1. 工程监督

工程监督、质量保证:通过北斗定位和数据库结合,实现工作单元和负责人相对应,监督施工工艺;监督、测试人员定位追踪,保证检测无遗漏;工程进度、隐蔽工程等详细信息实时上传,便于后续查看和参考。

2. 进度管理

进度管理、资源调配:根据施工信息的追踪,实时更新工程进度,及时调整施工计划和方案;对运料车、人员进行随时调度,通过监控运料车到达的时间及数量,提前做出准备。

3. 信息融合

信息融合、责任划分:结合数据库,详细划分工作单元和施工人员、安全人员、监督员等,便于责任划分,保证工程质量。

4. 数据共享

数据共享、高效管理:数据实时上传,按权限等级共享数据内容,管理人员可在管理平台实时监督,并支持多种移动终端,便于远程管理。

(二)移动巡查系统

通过手持北斗巡查设备,推进建筑工地管理达到主动、精确、快速和统一的目标,真正整合、优化、管理信息资源和各级部门数据库,建立覆盖全空间、全区域的管理体系。

1. 基础信息

该功能模块主要是查询项目的基本信息,如名称、审批情况、建设情况、负责人、资料档案等。

2. 指标监管

针对项目实际建设情况与审批指标进行初步对比分析,对于不符合的内容督促建设方进行整改并上报。

3. 取证上传

现场巡查人员通过手持北斗智能终端,快速对存在违规或安全隐患的地点、人物、设施等录音、拍照或录像进行定位取证,并通过输入信息摘要进行上报,以便对相关人员进行处罚和监督整改。

(三)安全隐患管理系统

1. 隐患信息管理

记录在安全检查过程中发现的安全隐患信息,包括隐患点位置、责任单位、责任人、隐患情况信息、图片、视频等信息,并录入整改建议和整改限定时间。

2. 隐患信息查询

对所有填报的安全隐患信息进行查询,也可进行条件复合查询,如需进一步查看详细信息,可点击查看按钮进行查看。

3. 隐患信息整改

显示本部门的所有未经整改完成确认的隐患信息。本部门对隐患整改完毕后,点击整改按钮,进入整改完成确认页面,对整改是否完成进行确认。

4. 隐患信息复查

显示所有未经复查的安全隐患信息,也可进行条件复合查询。复查隐患时,只需点击该条隐患信息后面的复查按钮,进入安全隐患信息复查页面,对完成时间、是否按计划完成、完成情况和复查人等信息进行详细填写,填写完毕后点击复查按钮,完成隐患复查。

5.统计报表

可以生成饼状图、柱状图、趋势图等,同时支持根据查询条件将隐患信息导出为 EXCEL 形式进行保存。

(四)公众服务系统

1.项目信息展示

在地图上显示在建项目的空间分布、名称和基础信息,进一步显示该项目的各种基础信息(如地址、北斗位置信息、工地类型、工地建设起止时间、规模、主要负责人、工程进度等)、规划公示图资料等。

2.环境实时监测信息

显示各个工地污染源的实时监测情况(如粉尘浓度、噪音、风向、风速、温度、湿度等),并根据实时监测情况标记为三种不同的图标(即严重污染、轻度污染和状况良好),以及污染范围和注意事项。

第八节 系统建设方案特点

一、智慧工地系统特点

1.专业高效化

智慧工地系统的构建是基于建筑工程项目施工现场的生产活

动,在与信息技术高度融合的背景下,实现对建筑工程项目信息资源的集中化管理,继而为企业管理者的各项决策提供支持,妥善解决建筑工程施工现场存在的各种问题。

2. 数字平台化

智慧工地系统的应用,可实现对建筑工程项目施工现场实施全过程、全要素的数字化管理,通过构建虚拟化的数字空间,对积累的大量信息数据资源进行深入化分析,根据数据分析结果解决工程项目管理问题。此外智慧工地系统的应用,可充分满足建筑工程管理人员的信息收集与处理需求,确保信息数据获取的实时性与共享性,进一步增强各个部门的协同能力。

3. 应用集成化

智慧工地系统的应用可满足建筑工程项目集成信息技术应用目标,实现对建筑项目各项资源的合理化配置,充分满足建筑工程的施工需求,确保信息化管理系统的有效性与可行性。

4. 建设重要性

在新经济形势下,市场经济环境发生了极大的变化,作为第二产业的建筑行业要想获得长久发展,需要转变传统化的经营发展模式,始终坚持科学发展观念,坚持走可持续发展道路。传统理念的建筑工程管理始终存在监督管理难的问题,如建筑工程施工现场存在的现场监管困难、安全监管难度大、工程资料多以及人员信息收集困难等问题,均会对建筑工程项目的施工质量造成影响。

二、方案特点

智慧工地建设方案特点:

室内外一体化:有效地解决卫星信号到达地面时较弱、不能穿

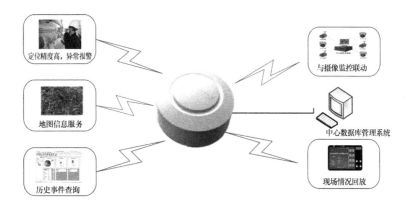

图 17　系统功能示意图

透建筑物的问题,从而实现人员、物体等在室内外空间中的实时位置监控。

定位精度高于异常报警:人员和设备实时精准定位,对于越界等异常状态实时报警提醒。

地图信息服务,工作状态可视化:设备设施资源在地图上进行标注,支持测距、移动速度、属性查看等。

历史事件追溯:根据位置数据可以考核工作人员的作业完成情况。

视频监控联动:根据人员的位置信息和方位,判断附近摄像设备,实施对监控对象的视频跟踪和关键事件的记录。

现场调度:通过终端查看现场工作状态,对现场机械设备、人员、物料等资源进行调度。系统通过资源整合,设计出多种施工方案,可以临时对现场机械设备、人员、物料进行调度。

多种终端、远程管理:系统提供多种移动终端,对现场的隐患问题,可实现远程查询和管理,达到施工管理信息化目的。

管理流程再造:数据共享融合,可同时为多个政府部门提供监管决策支撑:①统一管理平台:统一的政府智能化工地监管平台,预留多系统接口,系统可逐步升级。②多个系统接入:多个子系统对工程安全质量关键要素进行智能感知和云计算接入。③项目监管为中心:项目从开工到竣工被纳入系统实时监控和施工监管,通过实时现场监控数据结合传统的监管模式,提升科学管理水平。④权限管理灵活:适应不同层次管理需求。⑤文明执法:实现移动执法、安全检查记录、作业资料平台化,便于事故分析,明确责任。

参考文献

[1]胡信超,赵玉才.无人值守变电站智慧运维建设方案研究[J].设备管理与维修,2023(05):141-143.

[2]赵峻峰,刘建华.基于与城市建设相融合的雄安电网工程景观探索与实践[C]//《中国电力企业管理创新实践(2021年)》编委会.中国电力企业管理创新实践(2021年).新华出版社,2023:659-661.

[3]王焕新,周振兴,张卓敏,何锐.智慧工地平台在变电站建设中的应用研究[J].现代信息科技,2023,7(03):90-94.

[4]河南省首座220千伏智慧变电站建设工程在鹤壁开工[J].中国产经,2022(21):96.

[5]李建伟,李喻蒙.基于数字孪生技术的变电站智慧系统平台建设[J].光源与照明,2021(11):75-76.

[6]蔡宇飞,赵康伟.智慧工程管理系统助力变电站建设[J].科技创新与应用,2021(07):1-7.

[7]潘华,李辉,严亚兵,毛文奇,黎刚,尹超勇.智慧变电站二次及辅控系统新技术分析[J].湖南电力,2020,40(04):68-73.

[8]杨彭,顾颖,周旭.多站融合业务应用场景与建设运营模式探索研究[J].数据通信,2020(03):1-3+6.

[9]陆国俊,陈畅,杨荣霞,梁嘉奕.电网工程建设智慧工地探索、研究与应用[J].价值工程,2020,39(13):251-253.

[10]本刊讯.国网公司首座220千伏智慧变电站在江苏常州开工

建设[J].电器工业,2019(10):3.

[11]程华福,闫蓓蕾,马洪波等. 智慧变电站设备状态识别技术[C]//中国电机工程学会电力信息化专业委员会.生态互联数字电力——2019电力行业信息化年会论文集.人民邮电出版社,2019:384-387.

[12]孙于力.智慧工地建设探索与实践研讨[J].工程建设与设计,2023(08):83-85.

[13]本刊编辑部.落实智慧工地建设 推动行业创新进步[J].中国建设信息化,2023(08):10-12.

[14]徐建东,裴贞,徐新,张毅.公路工程智慧工地建设的思考[J].上海公路,2023(01):164-167+185.

[15]刘刚,占升,贾潇.建筑工程智慧工地建设[J].智能建筑与智慧城市,2023(02):121-123.

[16]黄子俨.基于BIM技术的智慧工地系统在项目建设管理中的应用[J].企业科技与发展,2022(12):85-87.

[17]王普.东庄水利枢纽工程智慧工地建设探析[J].中国水能及电气化,2022(10):47-51+57.